江华苦茶

粟本文　李端生 / 主编

中国农业出版社
北 京

序

江华苦茶，苦尽甘来。江华苦茶，因苦而名。

江华苦茶产自神州瑶都——湖南省永州市江华瑶族自治县，地处湖南省最南端，位于南岭山脉中心、潇水源头，处于世界优质红茶黄金线上（即北纬25°）。江华苦茶，历史悠久。瑶族同胞自古以来"宁可三餐无酒，不可一日无茶"，茶是当地瑶族的生活必需品之一，江华苦茶伴随瑶族同胞走过了千秋岁月。

江华苦茶茶树资源主要分布于南岭山脉的湖南南部、广西北部及邻近茶区，其中集中分布在江华瑶族自治县境内。江华苦茶属于小乔木大叶类，是茶树种质资源由乔木型向灌木型进化的过渡类型，为湖南四大特色地方茶树群体种之一，是湖南古老且珍贵的茶树群体品种。

江华苦茶具有"古""苦""长""早"的特点。早在20世纪70年代末，湖南省茶叶研究所就专门成立了江华苦茶研究组对江华苦茶资源进行系统研究。据该所检测分析，江华苦茶水浸出物总量为48.5%、多酚类含量为39.21%、氨基酸含量为1.64 mg/g，简单型儿茶素含量可与勐海野生大茶树媲美，复杂型儿茶素含量与原始阿萨姆茶种比肩，适制红茶、黑茶等发酵型茶类。

近10余年来，随着我国经济的快速发展，茶产业也以前所未有的速度在快速发展。茶产业在我国特别是在农业和农村经济中的地位不断提升，其社会效益和经济效益日益凸显。

近年来，在各级政府和有关部门的大力支持下，湖南先后围绕湘茶优势特色、品种品质和区域特点，打造特色品牌，促进湖南优势特色茶类齐头并进、协调发展，努力构建千亿湘茶产业支撑极，全面提升湖南茶产业的整体实力和综合效益，早日实现千亿湘茶产业。

江华是湖南省唯一的瑶族自治县，也是全国瑶族人口最多的自治县，大山绵延不绝，常年云雾缭绕，是湖南省规划的优质茶优势产业区域之一，也是湖南省出口红茶的优质茶叶基地。

近年来，江华瑶族自治县委、县政府为落实湖南省委、省政府关于"乡村振兴、产业兴旺"的发展部署，把江华苦茶的发展列入政府重要议程，立足资源优势，坚持"政府引领，企业主导，社会参与"的原则，借助全省重点打造"湖红"和"潇湘茶"公用品牌的历史机遇，大力推动江华苦茶产业成为江华贫困地区精准扶贫、区域经济发展和乡村振兴的主导产业。2019年成功举办首届神州瑶都（中国·江华）茶文化旅游周暨江华苦茶产业发展高峰论坛，茶产业正以蓬勃的发展姿态成为带动全县农业经济发展、农民脱贫致富和乡村振兴的主要支撑点，江华苦茶越来越受到消费者的欢迎。2013年被列为全省 33 个茶产业发展重点县之一，2016 年"江华苦茶"成功申报国家地理标志证明商标，2017 年获"湖南茶叶十强生态产茶县"，2018 年获"湖南茶叶千亿产业十强县"。

该书的出版，正逢江华苦茶大有作为的关键历史时刻，还将会是江华苦茶发展史上具有重要意义的里程碑，对江华苦茶产业的发展起到重要的推动作用。该书既是全面介绍江华苦茶的专著，更是吹响江华苦茶在神州瑶都蓬勃发展、走向三湘大地、奔向五湖四海的进军号角！我们深信，江华苦茶的明天一定更加甜美！

中国工程院院士
湖南农业大学教授、博士生导师

刘仲华

2019 年 12 月

前言

江华苦茶原产于南岭山脉，属小乔木型大叶类，是茶树种质资源由原始乔木型向灌木型进化的过渡类型，主要集中分布于江华瑶族自治县的岭东一带（勾挂岭为界）和姑婆山南麓，1987年被认定为湖南省优良地方群体品种，是重要的特异茶树古老种质资源和湖南省四大地方茶树群体种之一，鲜叶内含较高的水浸出物、茶多酚和儿茶素类物质，适制红茶、黑茶等茶类。所制工夫红茶甜（花）香浓郁、滋味浓醇富收敛性；制红碎茶，可达二套样水平，其品质特色可同云南大叶种和印度的阿萨姆种媲美。

江华瑶族自治县地处湖南最南端，位于南岭山脉中心，处于世界红茶黄金线上（即北纬25°）。江华苦茶历史悠久，据古籍《尔雅·释木》及长沙马王堆汉墓出土文物考证，有专家认为至约有2 500年的生产历史。"苦"在瑶语里是"好"的意思，因此"苦茶"就是"好茶"。从1986年起，江华苦茶连续多年被评为省级名茶。

进入21世纪以来，随着经济的快速发展、生活水平的提高和健康意识的增强，"饮茶热"不断升温，国内外茶叶消费持续增长，特别是国内茶叶消费量的快速增长，促进了我国茶产业以前所未有的速度快速发展，产业的社会效益、经济效益和生态效益日益凸显。2001年江华被列为湖南省21个优质品牌茶开发示范基地县之一，2013年获湖南省33个重点产茶县之一，2014年列入《湖南茶叶发展规划》红、绿茶重点区域，2017年获湖南省十强生态产茶县，"江华苦茶"2013年通过农业部农产品地理标志认证、2016年获国家地理标志证明商标。

近年来，江华瑶族自治县委、县政府将茶产业作为山区经济发展的支柱产业之一，提出立足资源优势，全力打造和做大做强江华苦茶产业。为适应江华苦茶产业发展需求，特组织编写《江华苦茶》一书。

　　本书由粟本文、李端生担任主编，参与编写工作的还有钟兴刚、黄怀生、陈江涛、黎娜、蓝华中、李赛君、邱劲柏、何桂祥等同志。本书在编写过程中，得到了湖南省科技厅、湖南省农业科学院及江华瑶族自治县委、县政府的支持，湖南农业大学园艺学院、湖南省茶叶研究所等单位有关领导和专家也曾给予诸多帮助，本书中的部分图片由湖南日报社、江华瑶族自治县农业农村局及文化广电旅游局等部门提供，在此一并表示衷心的感谢！向在本书中所引用资料的作者表示深深的谢意！由于编者水平有限，编写时间较紧，书中难免有所疏漏，欢迎大家批评指正！

编　者

2019 年 7 月于长沙

江华苦茶

JIANGHUA KUCHA

目录

江
华
苦
茶

JIANGHUA KUCHA

第一章
茶史茶源

第一节　苦茶茶源

江华苦茶是湖南省 1987 年认定的优良地方群体品种，是一个古老珍贵的特异茶树种质资源，原产于广东、广西、湖南的南岭山脉一带区域，主要分布在江华瑶族自治县的码市、大锡、蔚竹口、两岔河、大圩、贝江、湘江、河路口等乡镇，蓝山、炎陵、茶陵等县市也有少量分布，其中以江华岭东区域分布最广。

一、苦茶历史渊源考究

早在公元前 6 世纪下半叶的春秋时代，苦茶就已载入史册，当时不叫苦茶，而叫"槚"，或音变为"瓜芦""皋芦""过罗"等茶叶名称。《尔雅》记载："槚，苦茶"，对历代文献所记述的和近期的调查资料进行分析，槚就是苦茶树，且为乔木型茶树。"茶"是灌木茶树。三国时期名医华佗《食论》记载："苦茶久食，益意思"，指出饮茶具有提神醒脑的作用。汉代名医张仲景在《伤寒杂病论》中记述有"茶治便脓血甚效"的验证。盛唐时期，苏敬等编写的《新修本草》中云："茗，苦茶。茗，味甘、苦、微寒、无毒。主瘘疮，利小便，去痰、热、渴，……主下气，消宿食，作饮加茱萸、葱、姜等良。"《神农本草经》这部我国现存最早的中药学著作有："茗，苦茶，味甘苦，微寒，无毒，主治瘘疮，利小便，祛痰湿抛热""茶味苦，饮之使人益思，少卧、轻身、明目""神农尝百草，一日遇七十二毒，得茶而解之"的记载，说明了苦茶有解毒功能这一事实。元朝太医忽思慧根据多年经验写成的《饮膳正要》中指出："苦茶，味甘苦微寒无毒，去痰热止渴利小便，消食下气，清神少睡。"《桐君采药录》记载："南方有瓜芦木亦似茗，至苦涩，取屑、茶次、亦通夜不眠……而交广（两广、越南等地）最重，客来先设，乃加笔茸"，这里的"瓜芦"也指"苦茶"，与"茗"有所区别，味较苦，恰如江华老百姓对待苦茶与甜茶（灌木型茶树）的习俗，苦茶是作为"客来先设"的接待品，或作为"爽水""强味"的原料加入甜茶。唐代陆羽所著的《茶经》在"一之源"中描述茶树性状时，指出"树如瓜芦"，进一步指明普通茶树与苦茶有其亲缘关系。《南越志》载："龙川县有皋芦，名瓜芦，叶似茗，土人谓之过罗，或曰物罗"，表明其分布范围，已遍及湖南、广东、广西及越南等地。中华人民共和国成立之后，曾有几个国家向上海茶叶公司订购一种传统的"古老茶"，经查明为广东省高鹤县古劳镇所产，它的原料采摘于一种"古老茶"树上，是一种大叶苦茶类。可见苦茶的饮用，早已流传到国外。

二、江华苦茶的重大发现

20 世纪 70 年代长沙马王堆汉墓考古挖掘是一个重大的发现，其中 1 号汉墓 135 号竹简为"槚一笥"字样，3 号汉墓中也发掘出"槚"字样的木牍一块（现均存于湖南省博物馆）。据考古学家周世荣、茶学家王威廉考证，"槚"为"檟"字的古写，约成书于 2 500 年前的《尔雅·释木》中记载，"檟，苦荼"。"荼"即茶字的古写，如今的茶陵县，古时的印刻为"荼陵"，证明了"檟"和"苦荼"均指苦茶。"槚一笥"即指随葬品中有苦茶一箱。湖南医科大学（现中南大学湘雅医学院）口腔系茶与健康实验室曹进教授对马王堆 1 号汉墓出土的古茶与墓主的内在联系和马王堆 3 号汉墓出土的帛书等文物进行分析，证实了马王堆 1 号汉墓中出土的古茶就是苦茶。

从苦茶的生物学特性及地理环境来分析，大叶种茶在西汉时期难以生长于长沙地区，我国大叶种茶多分布在云南、广西。据历史记载，湖南的南部地区与毗邻的广西北部八面山地区，秦汉以前就有发现和利用茶，"茶树遍生山谷，全属野茶……"。湖南苦茶资源调查证实，湖南地区除湘南、湘西南之外，未发现苦茶资源。

长沙马王堆3号汉墓出土了大批帛书，同时还发现两幅地图，分别是地形图和驻军图（图1-1）。据复旦大学历史地理研究室谭其骧考证，这两幅地图的绘制年代应当在汉文帝前元十二年（公元前168年）。两幅地图的内容，描绘了西汉初期的诸侯国长沙国南部的山川地形和兵力部署情况。

　　地形图所包括的范围，大致为东经111°～112°30′、北纬23°～26°，地跨今湖南、广东和广西三省份部分；相当于今广西全州、灌阳一线以东，湖南新田、广东连县一线以西，北至新田全州以南，南界到达广东珠江口外的南海。全图明显分为主区与邻区两个部位，主区的城市、山脉、水道以今湖南道县（旧统营浦）及潇水流域沱江（旧统深水）为中心，主区即今湘江上游第一大支流潇水流域、南岭区域、九嶷山及附近地区。地形图中8个县城经实地考察，当时古城的遗迹，营浦位于今湖南道县县城，舂陵位于今湖南宁远柏家坪，泠道位于今湖南宁远东城，南平位于今湖南蓝山古城，龁道位于今湖南兰山所城，桂阳位于今广东连县，观阳位于今广西灌阳古城岗。这幅地形图实际上是一幅吴氏长沙国南部地形图。

图1-1　长沙马王堆3号汉墓出土驻军图在地形图中占的位置

第一章　茶史茶源

3

驻军图全长98 cm、宽78 cm，是地形图东南隅的一个局部地区。在此图中还绘有两处方形城郭符号，一处是"深平城"，大致位于今江华瑶族自治县的沱江（今县政府所在地）。"深平城"在地形图中是一个特大圆形符号，说明它原是一个大于一般乡里的村镇。在驻军图中，深平城变成了大型方框式的县城符号，且注记还加了一个"城"字作"深平城"。江华在西汉时没有设置县，江华最早是在汉武帝元鼎六年（公元前111年）置冯乘县，属苍梧郡，该地图绘制于公元前168年。根据这种情况推断应是驻防区域大本营所在地，也就是长沙马王堆3号墓主生前的常驻地。詹立波在《马王堆汉墓出土的守备图探讨》一文中，考证主要区域位于今九嶷山与姑婆山之间，相当于今江华瑶族自治县境内的潇水流域一带。驻军地图也特意强调了这一潇水上游，勾连广东连州一带的大片山地，在汉置长沙国的边疆设置防区大本营，是刻意强调南岭区域的重要与危险性。而对于长居此地的瑶民，《梁书·张缵传》中的评价是："州界零陵、衡阳等郡，有莫徭蛮者，依山险为居，历政不宾服。"

吴氏长沙国的政治、文化、经济中心在长沙，但长沙马王堆3号汉墓中仅有的两幅地图却全是长沙国的南部地形图，两幅地图的主区、驻防重地或是指挥中心也都集中在现今的江华一带。

据考证，汉高祖五年（公元前202年），刘邦将长沙郡改为长沙国，任命吴芮为长沙王。按刘邦初封时发布的诏令，"其以长沙、豫章、象郡、桂林、南海立番君芮为长沙王"，但实际上，象郡、桂林郡、南海郡（现今湖南、广西、广东一部分）早已被自立为南越王的赵佗所占据，公元前204年自立南越国，汉高祖十一年（公元前196年）受封南越王，公元前183年自封南越武帝，与吕后反目后多次攻打长沙国边邑和南郡。

根据长沙马王堆3号汉墓出土的大量兵器、军事地图和墓中的彩绘帛画《出征仪仗图》上的人像分析，3号汉墓墓主应是长沙国丞相、轪侯利苍的儿子，他的身份应是一位带兵镇守长沙国南部边疆的将领，驻军的指挥中心当在现今的江华一带。

轪侯家族与江华关系密切的另一个例证是长沙马王堆2号汉墓墓主、西汉女尸辛追的丈夫、长沙国丞相利苍。刘邦经4年的艰苦战斗，终于建立了汉朝，为巩固统一，刘邦采取了一个重要措施，使用各种招数基本摆平了异姓诸侯，并下令："非刘氏而王者，天下共击之。"将收回的大片土地分封同姓诸侯，唯独让地处偏远、对刘氏江山不会产生威胁的长沙王继续保留其领地，但由中央政府派遣亲信去诸侯国任丞相。利苍因老家在南方（竟陵，今湖北潜江），所以被派往长沙就任。长沙国的南面就是与汉王朝处于敌对状态的南越诸侯国，所以利苍任长沙国丞相，不仅是为了监视、控制长沙国，而且还要监视整个南越国。

利苍于惠帝二年在任长沙国丞相时封侯，死于吕后二年（公元前 186 年），死时年龄不大，其妻子辛追才 30 岁左右，儿子也才 10 多岁。由于利苍维护汉王朝统一有功，在《史记》《汉书》的功臣表中都记载了他。

据湖南医科大学等 6 所中国知名医学院校的专家通过尸体解剖研究证实，辛追死于 50 岁左右；那时，长沙马王堆 3 号汉墓墓主即辛追的儿子正是 30 岁左右，他已继承父业，率兵驻守在江华一带。轪侯家族为维护汉王朝边界的安宁和统一付出了两代人的代价，可见与湖南西南部地区的密切关系。

通过对轪侯家族在湘西南活动区域的研究及湖南苦茶资源分布的考察，发现两者间有着惊人的一致，即苦茶资源以江华分布较为集中，而这个地区正是轪侯家族屯兵、征战南越的据点。汉时期，茶在社会上层士大夫中已十分风行，对于极讲究饮食与养生之道的轪侯家族，他们把苦茶作为当地特产，一箱箱江华苦茶翻山越岭顺流而下来到古长沙城，将它带回了长沙作为贡品并供自己及家人享用。

三、苦茶与瑶族的文化渊源

日本有位茶学专家名叫松下智，撰写了一本专著《茶之路》，他通过多年的考察并参考大量资料认为，中国南方瑶族是世界上最早利用茶叶的民族。

瑶族是潇水流域南岭区域内历史悠久的少数民族，在南北朝以前，瑶族先民和南方的一些少数民族被通称为"蛮"。由于自身游耕经济形态的特点和反抗阶级压迫等原因，瑶族不断地迁徙，从中原迁徙进入南岭山区，然后又有部分向西南移动，甚至移出国界。作为南岭区域重要组成部分的潇水流域是瑶族先民的主要迁徙集聚地，该流域的大量神话传说、历史文献、民间故事、史诗歌谣等反映出南岭地区瑶族的迁徙与发展史。

自古以来，茶叶与瑶族就有很深的渊源，茶叶与这一区域的瑶族先民在文化、经济、习俗等方面有着天然的联系。潇水流域的瑶民掌握了制茶技术，因生活环境及社会进化等因素学会种茶、采茶和制茶，瑶族同胞制作黑毛茶的手艺代代相传，具有非常悠久的历史。

春秋时代，江华苦茶就载入史册。《湘侨闻见偶记》记载："永州近六峒家饮峒茶（苦茶）。"宁远县《九嶷山志》记载："若晚取者叶阔而厚，如《类篇》之所谓荈，《尔雅》之所谓槚，味多苦矣。"

唐、宋时期，茶叶种植成为瑶民的主要经济来源之一。据《瑶族通史》记载："莫徭（瑶族）地区山多茶树。"宋代，瑶民"采茶掘笋，以便馈遗"。据《评皇券牒》记载："栽种五谷杂粮、种豆、老姜、芋菜、豆角、茄藤、茶叶，所为活命。"进入明代，田汝成《炎徼纪闻》卷四记载：瑶族，其山区特产以竹、木、滑石、胆矾……茶等为多，副业产品以山货为主，除满足本身的生活需要外，还可与山外的汉族贸易。江华瑶民开垦山野出来，种上杉、松、竹、茶，一个个大小不等的茶园在瑶山交相呈现，不断地培植、改良，使其颇负盛名。清人严如煜《苗防备览·风俗》记载："……（徭）兼种茶，种漆。"清乾隆四十四年（1779年）两岔河石头寨村开始生产江华白毛尖茶。清光绪三年（1877年）《道州志》记载，"南路江邑（江华）瑶山内有界牌茶即六峒茶，其味浓苦，其色正红，暑服之，可解渴烦……"。《永州府志》卷五记载："江华瑶族，山农田少，多植桐、茶、松、杉，以资实用。"在广西有一个自称"茶山瑶"的瑶民族，主要集聚于广西金秀、平南、蒙山三县，"茶山瑶"的老人以口口相传的传说描绘了在茶山瑶族先人进山时有一种长相奇特、风俗与他们相异而性情凶悍的"吃茶人"原住居民。

在江华的瑶族集聚区，茶叶作为生活的必需品，不仅能止渴生津，还有消炎、解毒、止泻之效。药用可治积热、久泻和心脾不舒等症。瑶族地区流传的验方是：在感冒之后，以一握苦茶与食盐炒至喳喳发响声，再以一碗水冲泡后擦洗躯体，睡醒即愈；在积热、腹胀、腹泻时，连饮两碗浓苦茶，病势即可消除。这些说明苦茶是当地瑶族同胞的居家良药，他们很早就知道并利用苦茶的药用价值。瑶民中还流传一则传说：古时有北兵前来屯驻，士兵为瘴气所害，病者甚多，经饮用苦茶，瘟疫痊愈。此传说中的"北兵"是否为2 100余年前的长沙国士兵，无从考证，却由此可知苦茶的药用价值比较高。《神农本草经》已有茗茶入药的记载，当时使用的药名是苦菜，也就是《新修本草》里说的苦茶。瑶族采摘谷雨茶前要进行祭祀，茶既是瑶家人生活必需品，还是居家良药（图1-2）。20世纪六七十年代我国缺医少药，江华当地卫生部门将苦茶作为防治痢疾的有效药进行推广。

图 1-2　瑶族采摘谷雨茶前进行祭祀

四、江华既是瑶族的故乡，也是苦茶的故乡

南岭又称五岭，由西向东分别是越城岭、都庞岭、萌渚岭、骑田岭、大庾岭。南岭是南亚热带和中亚热带的分界线及中国的雨雪分界线，南岭有我国南方保存最完整、最大片的原始森林，有 2 000 多种植物和 200 多种野生动物，其中属于国家一、二级保护动植物达 82 种，是天然的动植物基因库和重要的天然生态保护屏障。这片土地，森林覆盖率高，保留着完整的绿色生态系统，被誉为"华南之肺""天然氧吧""野生动植物基因库"，境内还保存有大量上百年的野生古茶树。南岭是瑶族人的故乡，是瑶族的大本营和中转站，是瑶族的主要聚居地，有"南岭无山不有瑶"之称。这一区域瑶族人口达 109 万人，占全国瑶族总人口的 42%，我国瑶族自治县有湖南江华，广东乳源、连南、连山，广西富川、恭城、金秀、龙胜、都安、大化、巴马，云南河口、金平，共 13 个县，南岭占了大半，其中包含了 59 个瑶族自治乡。五岭中最中间的岭叫作萌渚岭，整个山系呈东北西南走向，长约 130 km，宽约 50 km，最高峰马鞍山海拔 1 844 m，一般海拔 1 000 ～ 1 200 m。萌渚岭主体在江华境内，因此江华地处南岭中心地带。

大量的科学研究与调查发现证实，江华是苦茶的故乡。从地理上考查，江华苦茶主要分布于五岭山脉，属于云贵高原的边远山系，年平均最低气温已降到−3 ～ 7 ℃，并能忍受长期的风、霜与积雪。初步查明，广西龙胜、临桂、

贺县（今贺州）等高山地带亦有这一类型的变种，因此研究江华苦茶应从地理上探讨。除江华瑶族自治县外，湖南省的宜章、汝城及偏北的江永、道县、城步和通道等县，都可能有分布，或为同物异名，但以江华分布最为集中，种类最全，分布最广，古树茶年代最久远。从20世纪六七十年代开始，国内科研机构及高等院校对江华苦茶物种来源进行了大量研究，并随着科技的进步，研究手续不断深入，发表了大量有关江华苦茶物种的研究论文，表明江华苦茶应该是由云南大叶种演变到灌木型小叶种的一种过渡类型。

湖南省茶叶研究所刘宝祥对江华苦茶叶绿体片层结构显微分析表明：江华苦茶的片层结构特征与贵州桐梓大树茶相似，只是叶绿体较小，江华苦茶在进化系统上较适于在湿热地区发展，在结构上亦呈现出它的古老性；对江华苦茶和福鼎大白茶染色体观察后发现，云南大叶种的染色体比江华苦茶对称性高，而江华苦茶又比福鼎大白茶高。根据核型由对称发展到不对称的规律，证明江华苦茶与云贵高原大茶树有其亲缘关系。

刘宝祥根据江华苦茶的树型、树姿及叶片的形态结构与云南大叶种茶树进行对照分析发现，江华苦茶与云南大叶种茶树的栅状组织都为一层，两者之间很相似。但江华苦茶树体较小、耐寒性强、属于半乔木等特征，证明江华苦茶是乔木型茶树进化到灌木型茶树的一种中间类型。按照地理位置与云贵高原毗连，也符合植物演进的史实。

刘宝祥对江华苦茶的生化分析结果表明，江华苦茶鲜叶中多酚类含量为39.21%、水浸出物含量为48.50%，与云南大叶种接近。茶叶中的儿茶素是由简单向复杂演进，云南大叶种茶树是最古老的茶树类型，阿萨姆种、老挝种、掸形种、中国种（灌木型）都是由云南大叶种进化而成。江华苦茶的儿茶素中，表儿茶素（EC）+儿茶素（C）与勐海野生大茶树的含量相近。与乔木型茶树阿萨姆种、掸形种比较，虽然生长于不同的地区，但儿茶素的羟基化反映了一个共同的趋向，表没食子儿茶素（EGC）和表没食子儿茶素没食子酸酯（EGCG）含量显著提高，表明江华苦茶是更接近云南大叶种茶树的一个变种。由于江华苦茶地处温带，有较强的抗寒性，比阿萨姆种、掸形种有更为强大的抗逆能力和适应范围。

李丹和李端生等从形态学、解剖学、细胞学、酶学、化学及分子生物学方面入手探讨了江华苦茶种质资源的亲缘关系，认为江华苦茶属过渡类型茶树且亲缘关系更接近于原始型。

沈程文等对湖南省茶树资源 4 个典型群体的遗传多样性研究表明，4 个群体内的遗传多样性由高到低依次为：汝城白毛茶、江华苦茶、城步峒茶、云台山种，这说明湖南省茶树资源在进化程度上由高到低的顺序为：云台山种、城步峒茶、江华苦茶、汝城白毛茶。这在一定程度上显示了茶树在湖南省由南向北的遗传演化过程。江华苦茶是发源于云南大叶种类型，证明江华苦茶由乔木种茶逐渐演变为南岭一带小乔木种。

　　费孝通 1988 年考察江华时提出"神州瑶都"的概念，说明江华是瑶族同胞的主要集聚地，同时江华也是苦茶的故乡，瑶族与苦茶在此相遇，她有上千年的历史沉淀，有瑶族的文化基因，这就是江华苦茶。

第二节　故事传说

一、瑶族的起源

　　《茶经》记载："茶之为饮，发乎神农氏。"传说炎帝神农氏是茶的发现者，曾用茶来治病。神农氏为了辨别草物的药理作用，曾经亲口品尝百草。有一次他在野外考察休息时，用釜锅煮水，恰巧有几片叶子飘落进来，使锅里的水变成黄绿色。神农氏不以为意，喝了一点其中的汤水，却惊奇地发现，这黄绿色的水味道清香，竟是一味不可多得的药材。随着时间的推移，神农氏得出了这种植物有解渴生津、提神醒脑和利尿解毒的作用。在中国的文化发展史上，往往是把与农业、与植物相关的事物起源都归结于神农氏，因此神农氏成为了"农之神"。

　　据《瑶族通史》记载，瑶族是一个起源于黄河、长江中下游的民族，约 5 000 年前的神农氏年代。神农氏是中国农业的起源及早期发展阶段的人文始祖。蚩尤是远古时期中华民族人文始祖之一伏羲氏的后代，是神农氏炎帝的族人，杨升南、朱玲玲在《远古中华》中论证"蚩尤应是神农族系的人物"。史学界普遍认为九黎族的首领蚩尤是瑶族的祖先。鉴于蚩尤与伏羲氏、神农氏有着亲密的血源、族群关系，那么神农氏亦当是瑶族的人文始祖。大多数的史学家认为蚩尤九黎部落在同炎黄部落争逐失败后向南退却，在新的地区经过一段时间的恢复发展，其中一个支系向南迁移形成了三苗和三苗国，这就是瑶族的先祖。瑶族是一个不断迁徙的民族，在数千年流离颠沛的迁徙中，创造了多姿多彩、特色独具的瑶文化。瑶族旧时没有文字记载，瑶族的历史与文化主要存留在瑶族的集体记忆传承中，存留在其习俗礼仪中，存留在瑶族人民的生产生活中。

瑶族民间还普遍流传伏羲兄妹造人的传说。《湖南瑶族》记载：在湖南江华、江永及广西等地过山瑶举行度戒、还愿仪式时都要吟诵经书开首两句"盘古开天辟地，伏羲兄妹造人"的唱词。传说古时有张偃老和雷公，二人都是武艺高强的人，且经常比法，但多数是雷公赢。张偃老不服输，一天他设下毒计抓住雷公，将其关在铁笼内，想把雷公的肉腌起来吃，可是发现家中没盐了，于是外出买盐，临走时告诫伏羲兄妹不要给雷公喝水。张偃老走后，一连几天骄阳似火，雷公在铁笼内渴得嗓子冒烟，多次要求伏羲兄妹给水喝。伏羲兄妹遵父之嘱，不敢拿水给雷公喝，后雷公又求，伏羲兄妹看雷公渴得实在可怜，于是舀了一瓢潲水给雷公喝。他们认为潲水不是水，谁知雷公喝了潲水，浑身都是劲，挣开了铁笼。临走时，雷公拔下一颗牙送给伏羲兄妹，嘱咐他们到时按鸟的叫声办，说完雷公就飞上了天。雷公上天后立即作法，雷鸣电闪，落下倾盆大雨，一连几天几夜，河水猛涨，大水淹了良田、房子、高山，直涨到天门。天下人都被淹死了，唯有伏羲兄妹按雷公的嘱咐，听鸟言，种下牙，长成瓜，躲瓜里，随洪水漂到天门，躲过了这一劫。洪水退后，天下已无人。伏羲兄妹在神龟的帮助下婚配，并生下肉坨。"九州玉女把刀分，撒在平地为客家（汉民），撒在山上为瑶家"，从此人类、民族开始繁衍。伏羲兄妹结婚繁衍人类的故事在汉族、彝族、壮族等民族中也广为流传，但如苗族、瑶族奉为先祖来祭祀的则少见。现代人类学家实地考察证明，苗族、瑶族都一致传说本民族出自伏羲兄妹。现今，在江华仍有不少古村落和古民居（图1-3、图1-4）。

在瑶人心目中，盘古王或盘王是至高无上的万物创造者，是一位法力无边的创造神，是瑶人的祖神，历史上凡是瑶人居住过的地方，都建有用于祭祀的盘古庙（图1-5、图1-6）。江华瑶族的来源广泛流传着这样一个传说："宋景定元年，有两个皇帝，一个叫高王，一个叫评王（高辛氏，即尧的父亲，五帝中的帝喾），高王侵扰评王，评王无策抵御。遂令众曰：'有能得高王头者，以女配之，封以官爵。'但无人应令，只有评王之犬，犬名曰盘瓠。用七昼夜时间到达高王国，游进宫中，龙犬趁高王大醉之时，咬死高王，背头而归。评王见之大喜，欲以女偿给，但又虑有畜配婚，颇有悔意。而龙犬随女不舍，评王见怒，即令武士以铜钟罩犬。其女心怜，未到七日，揭钟视之，犬首而人身

图 1-3　瑶乡古村落（井头湾村落）

图 1-4　瑶乡古村落（井头湾村街景）

图 1-5　盘王殿

图1-6 盘王像

矣。评王履行承诺，将自己的三公主花英许配给龙犬，使居会稽山中，常给锦粟米抚养，后来生下六男六女，赐给十二个子女各一姓，即盘、沈、包、黄、李、邓、周、赵、胡、雷、唐、冯。"民间流传盘王出世版本很多，但故事情节大同小异，现在十二姓瑶人来历的传说及瑶族图腾"龙犬"的来历都源于此。将"龙犬"作为本民族图腾的不仅仅是瑶族，还有畲族和苗族。据人类学家、历史学家研究考证，瑶族、苗族、畲族都来源于同一个祖先。至今，江华瑶族每年的农历十月十六都要举行隆重的"盘王节"活动，以纪念盘瓠。

肖献军、胡娟认为："瑶族的祖先存在多源性，永州瑶族可能为舜帝后裔。""践帝位三十九年，南巡狩，崩于苍梧之野，葬于江南九疑，是为零陵。"江华古属苍梧郡，历史上江华瑶族深受舜帝思想影响，他们之间有很深的渊源，《山海经》称："帝舜生戏，戏生摇民"，这里理解摇民不是一个人，是抵达南蛮之地后，与南方蛮族部落联姻，生出的后代便是摇民，也即后来的莫徭。《山海经》中提到的摇民国在什么地方，现在无从考证，但从舜帝南巡考察路线并葬于九嶷，以及莫徭在湖南的分布情况看，则古之摇民国应该就是今天的潇水流域上游，即永州以南广大区域。舜帝是中华道德文明之始祖，以德化蛮正是从舜帝时开始。潇水流域瑶族崇尚尧舜之道，如柳宗元贬谪永州担任司马十年间，"上下观古今，起伏千万途"，就主张以德化蛮，留下了700多篇诗词作品，强调"文者以明道"，"辅时及物之道"施于世；并且好为人师，湘南地区不少学子都受到了柳宗元的影响，"衡湘以南，为进士者，皆以子厚为师"。公元765年唐代道州刺史、著名文学家元结令江华县令瞿令问篆刻石上，《表》对虞舜之德进行了颂扬："于戏！孔氏作《虞书》，明大舜德及生人之至，则大舜于生人，宜以类乎天地；生人奉大舜，宜万世而不厌。"次年，巡视属县至江华，游至阳华岩，挥毫写下《阳华岩铭》，并由书法家江华县令瞿令问书写篆刻于阳华岩石上，成为江华八景之一、全国重点文物保护——阳华岩摩崖石刻（图1-7）。回驻地后，元结意犹未尽，又写了首《招陶别驾家阳华作》（后被选入《全唐诗》），诗云："海内厌兵革，骚骚十二年。阳华洞中人，似不知乱焉。谁能家此地，终老可自全……"，诗人以江华的自然风光表达了对理想生活的想象和精神上的追求。

图1-7　阳华胜览

二、盘王与茶

瑶族是一个爱茶的民族，茶在瑶族的饮食文化中具有悠久的历史，对于茶这种神奇植物他们也有自己的民间传说。相传，盘王除了教会子孙后代打猎和耕种外，还遍尝草木，亲身体验哪些草木能食、哪些草木能治病，他忍饥挨饿，翻山越岭，走遍了居地周围的山山岭岭。一天傍晚，又累又饿的盘王还在山顶上，而此时他又误食了一有毒的千足虫，全身皮肤立马黑了下来，躺在一棵大树下昏死过去。夜晚，露水打湿了树叶，慢慢地汇集成水滴往下掉。正好，有些掉下来的水滴滴进了盘王微微张开的嘴里，然后再从嘴里慢慢地往肚里流，皮肤也一点一点地恢复了，露水流到哪里，皮肤上的黑色就减退到哪里，最后盘王慢慢地醒了过来。醒来后的盘王清楚地记得，自己误食千足虫被毒死了，现在怎么又活过来了呢，他左思右想，觉得奇怪，自己昏死过去什么也没有吃，这地方也没有谁来救命，只隐隐记得，半夜里好像有水一滴一滴地滴进嘴里，莫非是这水救了自己，但山顶上没有水，也没有下雨。待到天亮，他见自己头顶的树叶还有吊着要往下滴的水滴，顿时恍然大悟：怕是吃了树叶上滴下的水，救了自己的命，这树和树叶一定有用。盘王一看四周还有很多这种树，他把这种树的叶子摘下带回去熬水喝，倒出的水有点黄黄的，喝一口感觉有一点微苦又有一点甜味，热的喝进肚后，全身说不出的舒服、惬意，精神倍增。这就是今天我们瑶族人民最爱喝的"苦茶"，因为只有瑶家独有，所以人们又习惯称为"瑶茶"。

三、瑶族花帕上的秘密

图1-8　八星角

图1-9　瑶族花帕原图

图1-10　纹饰八星角原图

瑶族分布于全世界，总人口380多万人，其中我国境内280多万人；江华是全国10余个瑶族自治县中瑶族人口最多的县，达34万余人。刘小红所著的《瑶人族群标志的发现与研究》中，通过对我国南方6个相邻省份及境外相邻的多个东南亚国家的调查，发现并可以确定瑶族花帕上的八星角形与万字流水纹饰等图案共同组成了瑶族"盘王印"标志，它是瑶人族群的标志，是瑶族人民最重要的文化符号。从瑶族八星角纹饰的刺绣方法、纹饰与针法等要素考察，这个八星角标志（图1-8）与山东大汶口发掘出土的文物相吻合。以此推测，瑶族文化与大汶口文化相关联，说明瑶人族群文明可以追溯到5 000年以前。

这个图纹标志有什么特殊意义，目前相关的研究资料很少。从现有的材料来看主要是以下几个方面：一是对太阳的崇拜。从图形上看八星角图案象征太阳，又称太阳花纹、万字纹，图案周围绘有群星，群星外围用四道线围成一个方形，象征大地；如图1-9、图1-10所示，瑶族妇女头巾和小孩帽顶一般都会绣上八星角图案，代表瑶族人对太阳、星星的崇拜。瑶族人认为，太阳是兴旺、平安、吉祥的代表，故而崇拜它。二是

瑶族的宗教信仰、祭祀仪式深受道教思想影
响，从瑶族独具的传统习俗度戒仪式、还愿
仪式到祭祀仪式都是最具道教色彩的仪式。
瑶族人认为，人死后灵魂变成的鬼有善恶，
是由他们生前的为人所决定，所以提倡"与
人为善，因果报应""三元和谐，阴阳平衡"
等，表现的符号就是"八星"，与"八卦"
图形一样寓意。

图 1-11　八星角中的"茶"字

　　瑶族有很多个支系，不管哪个支系，不
管国内外瑶族人，只要看见"盘王印"就是
找到了瑶族的标识。这说明他是瑶族的文化
共同点，瑶族人保有的文化符号、标志是人
类远古文明的活化石，是瑶族文化源远流长
的物证，因此认为"盘王印"是瑶族共同的
图腾。从这些存留千年的文化符号中，还找
到了苦茶的符号元素，将图纹标志虚拟视觉
化，保留了古老瑶族文化的内涵精华（图
1-11、图 1-12），再进行美学设计，就成了
江华苦茶的 Logo（图 1-13），这就是设计江
华苦茶公用品牌 Logo 的灵感来源，它来源
于古老的瑶族图腾。这个图腾的主要寓意基
于以下几点认识：一是一种与瑶族有关的茶
品，具有瑶族文化内蕴，醇和而朴素；二是
一种古老的茶，有上千年的文化历史积淀，
是有故事、有文化的茶；三是一种纯天然的茶，
天人合一，道法自然，是长寿茶；四是一种
完全与众不同的茶，名苦实乐，妙不可言。

图 1-12　虚拟视觉效果

图 1-13　江华苦茶 Logo

第二章
自然生态

第一节　自然地理

一、位置

江华瑶族自治县地处湖南省最南端，南岭山脉中心，潇水的源头，地理坐标为东经111°25′～112°10′、北纬24°38′～25°15′，总面积3 248 km²，是国家首批生态示范县。位于湖南、广东、广西3省份结合部，并与广东、广西的6个市县相邻，地理位置十分重要。洛湛铁路穿越县城，G207线贯通南北，S326线横穿东西，道贺高速、厦蓉高速、二广高速、贵广高铁建成通车，交通区位优势明显。

二、地貌

县境内地貌类型多样，山地、丘陵、盆地、平原、水域均有分布，总体格局是"八分半山半水半分田，还有半分道路和庄园"。基本特征是"一脉挑两河"，一脉为萌渚岭山脉，两河是东河山丘与西河丘岗。具有以下四大特点：一是东部群山高耸，山峦重叠；西部低平狭长，地势平坦。二是以山地为主，山地面积达2 018 km²。三是水系发达，河网冲沟密布。四是地表切割强烈，最高点东部黄龙山海拔1 850 m，最低点西部界牌乡潇水出境处海拔仅191.2 m，相对高度差1 658.8 m。而最突出的地貌特征是坐落在县境中部的勾挂岭，从南向北延伸，不仅是东河和西河的分水岭，而且将全县划分为有着明显差异的两个自然区——东部山区和西部丘陵区。全县境内为五岭山脉萌渚岭山系所盘亘，其支脉贯穿全县，地形南、北、东三面较高，海拔高度一般为 600 m 以上；西面较低，海拔高度为 200～400 m；大部分林地海拔为 500～800 m，坡度为 25°～35°（图 2-1）。

图 2-1　江华瑶族自治县高清地形图

三、土壤

江华瑶族自治县土类土种多样，山地以红壤、黄壤为主，多为砂质土（图 2-2、图 2-3），耕地以潴育性水稻土为主。山地红壤面积 12.87 万 hm^2，占山地土壤面积的 54%；山地黄壤面积 7.47 万 hm^2，占山地土壤面积的 31.3%，由板页岩或紫色页岩发育而成。山地土壤硒含量为 0.66～1.20 mg/kg，是湘南富硒区域。全县共有七大母质，其中砂岩占 48.84%、板页岩占 19.43%、花岗岩

图 2-2　砂质土

图 2-3　黄壤土

占 11.19%、石灰岩占 14.9%、紫砂岩占 1.55%、河流冲积物占 3.59%、第四纪红土母质占 0.9%。全县共有水稻土、菜园土、潮土、红壤、山地黄壤、黄棕壤、山地草甸土、黑色石灰土、红色石灰土、紫色土总共 10 个土类、20 个亚类、65 个土属、175 个土种。

江华瑶族自治县土壤分布规律较明显：红壤主要分布在海拔 210～700 m 的地带，其中黄红壤亚类分布中，岭东与岭西有所差异，岭东黄红壤海拔是 500～600 m，而岭西黄红壤海拔是 500～700 m；山地黄壤分布在海拔 700～1 100 m 的地带；山地黄棕壤分布在海拔 1 100～1 700 m 的地带；山地草甸土分布在海拔 1 700～1 820 m 的地带。其中发现的野生苦茶都分布在东部山区，其土壤理化性状特征如表 2-1 所示。

表 2-1 野生大茶树分布点土壤理化性状特征

编号	分布地点	海拔（m）	成土母质	土壤类别	全氮含量（%）	全磷含量（%）	全钾含量（%）	有机质含量（%）	pH
1	大锡明星	770	砂岩	黄红壤	0.248	0.083	1.88	5.04	5.2
2	贝江上梅口	800	砂岩	黄壤	0.074	0.076	1.29	1.43	4.8
3	蔚竹口马井	650	砂岩	黄壤	0.145	0.121	1.68	3.87	4.6
4	蔚竹口马井	792	砂岩	黄壤	0.248	0.12	2.36	4.371	4.6
5	蔚竹口张家洞	465	砂岩	黄壤	0.173	0.125	1.91	2.597	4.4
6	桥市南冲	750	板页岩	黄红壤	0.225	0.118	2.36	3.548	5.5
7	蔚竹口张家洞	465	砂岩	黄壤	0.173	0.125	0.125	0.125	4.4

注：化验剖面为 5～30 cm，全氮采用硫酸烧煮—微量扩散法测定，全磷采用氢氧化钠—钼兰比色法测定，全钾采用氢氧化钠—火焰光度法测定，有机质采用重铬酸钾硫酸烧煮—硫酸亚铁滴定法测定，pH 采用盐浸法测定。

第二节　生态环境

江华瑶族自治县属亚热带湿润季风气候区，具有气候温和、雨量充沛、冬寒期短、夏无酷暑、无霜期长、湿度大、晨雾多、风速小的气候特点。

一、光照

太阳有效辐射量（光量）全年为 112.66 kcal/m²，受地形地貌影响，西部丘陵比东部山区多。西部丘陵是湖南省除洞庭湖地区外，光源最丰富的地区之一。

二、气温

年平均气温 18.5℃。7 月最热，平均 28.1℃；1 月最冷，平均 7.7℃。极端最高气温为 39.4℃，极端最低温为 1972 年的−3.9℃。历年平均无霜期为 336 d，西部丘陵地区比东部山区长。日平均气温≥0℃的年积温为 6 806.3℃，日平均气温≥10℃的初日为 3 月 7 日、终日为 11 月 28 日；日平均气温≥10℃的初日至 20℃的终日天数为 204 d，积温达 4 915.9℃。从季节上看，春茶比长沙、江浙一带早 10～15 d 发芽，对抢占春茶市场具有一定竞争优势，且早春不像江浙一带易发生冻害，是湖南少有的适合不耐寒适制红茶中叶或大叶品种的种植区域。

三、降水

境内雨量充沛，水热基本同季。年平均相对湿度 78%，年降水量 1 657 mm，年蒸发量 1 270 mm，降水量大于蒸发量，且静风率高，平均风速 1.4 m/s，春季阴雨多。东部山区多雨，西部丘陵降雨偏少，自动向西递减，随海拔每升高 100 m 年平均降水量增加 50 mm 左右。降水时间集中在 4～9 月，占全年降水量的 65% 以上（4～6 月占 43%，7～9 月占 22%）。降水年际变化大，平均相对变率为 15%，其中秋冬变率最大。

江华东部山区与西部丘陵区存在明显的气候差别（表 2-2），已发现的野生苦茶全部分布在东部山区，这里年平均温度 17.8℃，年温差较小，最热的 7、8 月为 26.1℃左右，最冷的 1 月为 8.2℃左右，气温随海拔高度的升高而降低。

据江华历年的气象资料分析，海拔每升高100 m，年平均气温降低0.47℃，高海拔山地分布较均匀，全年云雾天气较多，相对湿度85%。总的来说，江华野生苦茶的原产地气候温和，雨量、云量较多，日照时间较短，相对湿度较大，森林植被率高。

表2-2 江华东部山区与西部丘陵区气象特征对比

地名	降水量 (mm)	气温 (℃)			气温年较差 (℃)	平均蒸发 (mm)	相对湿度 (%)	日照时间 (h)
		平均	1月	7～8月				
东部山区	1 676.5	17.8	8.2	26.1	17.9	1 316	85.0	1 100
西部丘陵	1 493.4	18.5	7.3	28.4	21.1	1 720	80.9	1 926

四、水文

境内大小河流289条，总长2 540 km，溪河密度0.78 km/km²，主要水系有湘江一级支流潇水全长181.4 km；涔天河大型水库，总库容15亿m³，流域面积2 558.7 km²；湘江二级支流萌渚水（又称西河），全长111 km，流域面积856 km²，水资源丰富。

径流趋势是东部山区多，西部丘陵少，由东向西至西北部递减。年平均径流深1 036.4 mm，年径流系数0.64。最高值是姑婆山区、大龙山区与九嶷山区，径流系数为0.654～0.658，年平均径流量103.6万 m³/km²。东部山区年平均径流量100万～110万 m³/km²，西部丘陵区只有80万～90万 m³/km²。径流的年内变化与降水量的年内分布是一致的。

五、环境

目前全县空气质量优良率保持在95%以上，饮用水源地和水环境功能区水质达标率保持在100%。全县有林地面积2 555.84 km²，活立木蓄积量1 527.87万 m³，森林蓄积量达1 300多万 m³，森林覆盖率达78.78%。生态条件完善，是种植优质茶叶的理想区域（图2-4～图2-8），是湖南省规划的优质茶优势产业区域之一，处于最适宜种植适制红茶茶树品种区域线上（北纬25°）。

图 2-4　生态瑶乡

图 2-5　水韵瑶寨

图 2-6　瑶乡春

图 2-7　瑶山秋色

图 2-8　瑶山瑶乡

六、自然灾害

　　江华有春寒和秋寒，春寒多出现在 3 月，一般有 2～3 次，极少年份 4、5 月有出现。寒潮一来，最大降温可达 25.3℃；秋寒多出现于 10 月上旬。冰雹多发生于 2～5 月，一般有黄豆大，大的有鸡蛋大。受地形影响，冰雹多带地方性。洪涝多发生于 5～6 月，多为大范围强降雨引起。干旱情况发生较少，多于 7 月出现。

第三章
资源品种

江华苦茶（*Camellia sinensis* var. *assamica* Jianghua）属小乔木型大叶类，是茶树种质资源由原始乔木型向灌木型进化的过渡类型，原产于南岭山脉，1987 年被认定为湖南省优良地方群体品种，是重要的特异茶树古老种质资源和湖南省四大地方茶树群体种之一。自 1961 年，刘宝祥、王威廉在江华瑶族自治县发现苦茶原始群落并正式定名为江华苦茶变种以来，学者们先后对江华苦茶资源进行考察、鉴定、收集与保存，并对其生物学特性、生化成分、遗传多样性等方面开展研究，挖掘出许多特异种质资源与单株，并经系统选育法选育出潇湘红 21-1（又名湖红 3 号，以下简称 21-1）、潇湘红 21-3（以下简称 21-3）等茶树新品种及一批新的品（株）系。

第一节　资源分布

江华苦茶原产于南岭山脉，属半乔木型，既保留了原始乔木型茶树的基本结构及其生化特性，又变异类型多，特别是具有较强的抗寒性，主要分布在九嶷山和萌渚岭两大山脉，属于云贵高原的边缘山系，其平均气温已降至-3 ~ 7℃，并能忍受长期的风、霜与积雪。据调查，除湖南南部外，广西北部和江西南部等地区也有分布。广西北部、湖南南部为其分布中心，湖南尤以江华、蓝山两县较为集中，新宁、城步、汝城、通道、会同、江永、双牌、道县、零陵、桂东、临武、茶陵、炎陵等县都有分布，或为同物异名。江华瑶族自治县主要分布于大圩、码市、两岔河、具江、大锡、小锡、湘江与河路口等乡镇，蓝山县主要分布于百叠岭、火市、大麻和荆竹等地，宁远县的九嶷山等地为最多。此外，广东、福建也均有苦茶的报道。

第二节　资源特性

一、资源类型

刘宝祥等通过对原种圃的江华苦茶生物学特性观察研究，把江华苦茶划分为 9 个类型，即白叶苦茶（叶大、色黄绿或淡绿、叶尖延长、发亮）、金叶苦茶（叶色黄绿、幼嫩芽叶显金光）、青叶苦茶（叶片较小、芽叶绿色）、牛皮苦茶（叶大、叶肉厚、叶尖钝圆或凹头）、竹叶苦茶（叶片狭长似竹叶）、紫芽苦茶（幼嫩芽叶紫色）、白毛苦茶（幼嫩芽叶有茸毛）、龙须苦茶（芽叶细长、发芽密度大、持嫩性强）和柳叶苦茶（叶为披针状、细而长），其中白叶苦茶是江华苦茶的原始类型。

二、特征特性

（一）植物学特征

1. 树型特征

据刘宝祥等 20 世纪 70 年代初的调查，江华苦茶资源属于半乔木型，主干直径 15～25 cm，骨干枝分枝部位离地面 40～90 cm，分枝疏长而直立。典型植株高达 5～6 m，树幅 3～4 m，高幅比为 1.5 左右。台刈后不易发芽，甚至引起死亡。

江华苦茶树姿为直立型，与云南大叶种茶树相似，属单轴分枝式（表 3-1、图 3-1～图 3-6）。

2. 叶片形态及解剖结构

江华苦茶资源叶片为椭圆形，长 13.8 cm，宽 5.04 cm；侧脉 10～12 对，锯齿稀疏，叶尖延长，叶面黄绿平滑，富有光泽；幼芽无茸毛或少茸毛。

表 3-1　江华苦茶等品种的树型比较

品　种	树高 (cm)	树幅 (cm)	高幅比	树姿	主干粗 (cm)	枝下高 (cm)	产地
云南大叶种	1 162	217	5.35	直立	314	16.0	勐海曼松大山
江华苦茶	527	357	1.48	直立	88	51.2	江华两岔河
江华甜茶	397	451	0.88	披张	110	40.0	江华两岔河

图 3-1　野生古茶树（一）（蔚竹口乡）

图 3-2　野生古茶树（二）（蔚竹口乡）

图 3-3　野生古茶树（三）（蔚竹口乡）

图 3-4　野生古茶树（四）（蔚竹口乡）

图 3-5　野生古茶树（一）（码市镇）　　　图 3-6　野生古茶树（二）（码市镇）

　　江华苦茶叶片解剖结构与云南大叶种茶树相似，栅栏组织为一层，海绵组织与栅栏组织的比值为1.53；石细胞发达，而草酸钙结晶少；叶质较柔软、持嫩性强。从叶片解剖结构分析来看，江华苦茶近似云南大叶种茶树，而与江华甜茶有较大差异（表3-2）。

表 3-2　江华苦茶叶片解剖结构

品　种	上表皮 (μm)	下表皮 (μm)	栅栏组织		海绵组织		石细胞	草酸钙结晶
			层次	厚度 (μm)	厚度 (μm)	比值		
云南大叶种	22.6	18.8	1	84.9	133.8	1.66	多	少
江华苦茶	37.6	18.8	1	75.2	114.7	1.53	多	少
江华甜茶	22.2	16.5	2	133.5	139.1	1.04	少	多

3.花、果形态特征

江华苦茶的花形较大、白色、花序丛生，花期在 10～11 月，花径 3.5～4.0 cm，花瓣圆形或倒卵形，基部连合。花丝长 6～8 cm，药囊"丁"字形排列；花粉金黄色，雌蕊高于雄蕊，子房三角状圆形，无毛或少毛；花柱长 8～9 mm，柱头三裂，蒴果三角状扁球形，背裂或不规则开裂，绿萼宿存。种子较大，色油黑带棕，直径 12.9 mm 左右，成熟期在 10 月；茶树花器大、种子大，是比较原始的性状。

（二）遗传特性

谭淑宜等（1983）对江华苦茶、广东水仙、云南大叶种、楮叶齐和湘波绿等 5 个品种进行了酯酶、多酚氧化酶和过氧化酶三种同工酶的谱带观察，结果查明江华苦茶等 5 个品种酯酶同工酶有 8 条谱带，其中有 6 条完全相同；多酚氧化酶有 7 条谱带，其中 4 条是相同的；过氧化物酶有 7 条谱带，其中有 5 条是相同的。同一酶的同工酶谱带的重复出现率高，可以说明这 5 个品种有共同的起源，它们并没有重大的分化，而仅仅是由于向各地扩展后长期因受环境条件的影响而形成了一定的差异。江华苦茶等 5 个品种中，江华苦茶和广东水仙两个品种酯酶和多酚氧化酶的同工酶谱带完全相同（包括酶带数目、酶带迁移率及酶带类型等），云南大叶种比起江华苦茶和广东水仙，仅只有多酚氧化酶的同工酶上多一条酶带，而脂酶和过氧化物的同工酶则完全一样。楮叶齐、湘波绿这两个品种具有迁移率完全相同的多酚氧化酶同工酶谱带，脂酶谱带也相近。楮叶齐、湘波绿二者可以看作亲缘更为接近的一组，而江华苦茶、广东水仙和云南大叶种可看成另一组，两组之间的差异比组内的差异大。根据这种情况似乎可以认为江华苦茶、广东水仙和云南大叶种属于同一变种，或可以将江华苦茶和广东水仙作为一个变种，而将云南大叶种单独作一个变种，至于楮叶齐和湘波绿则同属另一变种。

石林等（1988）从生物学特性方面对江华苦茶进行数量性状和质量性状的聚类分析，结果表明江华苦茶与较原始的巴达木茶树聚为第三类。陈兴琰等（1989）通过测定江华苦茶资源的 PPO、POD、SOD、MDH 和酯酶等五种酶的同工酶，经聚类分析，结果表明江华苦茶与云南大叶群体同聚为一类，相似系数达 0.942 9。龚景文等（1989）应用聚丙烯酰胺凝胶电泳法对江华苦茶同工酶进行了更深入的研究，结果表明江华苦茶与云南大叶种相关系数较大，亲缘性较强。

饶应森等 1982 年春以江华苦茶（代表型）、湘波绿和福鼎大白茶根尖为实验材料，观察其染色体组型，确认染色体数目都是 2n=30；对江华苦茶的染色体组型进行分析查明，中部、亚中部着丝点共 12 对，亚端部、端部着丝点共 3 对。按其长度从长到短排列，1 ~ 5 对等长，6 ~ 12 对依次递减；在 15 对染色体中，有一对有随体。

刘宝祥等（1981）通过对江华苦茶染色体的观察与研究，发现云南大叶种的染色体比江华苦茶长，臂的对称性较为整齐。而江华苦茶又较福鼎大白茶、湘波绿等整齐，其中福鼎大白茶不仅染色体缩小、缩短，而且不对称染色体由 3 对增至 5 对。根据核型对称发展到不对称、染色体由大变小的规律，表明江华苦茶较云南大叶种进化，而福鼎大白茶又比江华苦茶进化。这个结果表明江华苦茶是由云南大叶种演变到灌木型小叶种的一种过渡类型。

李丹等（2012）通过应用 ISSR 分子标记技术对 70 个江华苦茶群体单株进行遗传多样性分析，获得江华苦茶群体有效等位基因数（Ne）、Neis 基因多态性（H）和 Shannon 信息指数（I）分别为 1.68、0.38 和 0.56；扩增条带平均多态性比率达 95.40%；各单株间的相似数为 0.44 ~ 0.84，平均为 0.63，表明江华苦茶群体有较高的遗传多样性。供试材料的 UPGMA（非加权组平均法）遗传相似性聚类显示，在相似系数为 0.63 时可将参试的 70 份种质资源分为六大类，其中 5 个复合组和 1 个独立组。聚类结果显示，形态学具有某些相似特征的单株往往聚为一类。如第 I 类群中 21 个单株的共同特征为叶片呈长椭圆形，先端渐尖，深绿色；第 II 类群中各单株叶片呈黄绿微紫色，顶芽和叶背显著被软毛，叶质硬脆；第 III 类群中各单株叶片呈长圆形，叶质柔软，芽叶持嫩性强。其余各类群也因芽叶、茸毛等特征的相似彼此聚为一类。但在聚类结果中，不同类群的单株间也存在较为明显的表形差异，如单独聚为一类的一个单株较其他单株叶片较小，呈卵形，叶色黄绿稍浅。

（三）生理生化特性

1. 光合特性

黎星辉等（1998）测定比较了江华苦茶、城步峒茶、汝城白毛茶和云台山种等 4 种茶树资源的光合特性，结果表明，在阴天阴凉的条件下，江华苦茶的净光合速率为 5.0 μmol/(m²·s)，高于云台山种 [4.9 μmol/(m²·s)]，较汝城白毛茶 [5.7 μmol/(m²·s)] 和城步峒茶 [5.2 μmol/(m²·s)] 低；在晴天高温强光的条件下，江华苦茶净光合速率达 6.9 μmol/(m²·s)，较云台山种

［7.8 μmol/(m²·s)］和城步峒茶［7.2 μmol/(m²·s)］低，高于汝城白毛茶［6.0 μmol/(m²·s)］。可见，汝城白毛茶喜欢比较荫蔽的生态条件，云台山种对强光的适应性较强，江华苦茶则居于之间。

2. 生化特性

江华苦茶与大叶种茶树在形态特征及结构上具有相似或相近性，属大叶茶类型。1975年夏季，湖南省茶叶研究所等对江华苦茶鲜叶进行生化成分测定及儿茶素组成分析，结果表明：江华苦茶群体水浸出物平均含量达48.50%，茶多酚及儿茶素类物质含量极其丰富，多酚类总量达39%以上（表3-3、表3-4）。儿茶素组成分析结果，江华苦茶的EGC、EGCG低于甜茶（当地小叶种茶树，下同），而没食子儿茶素（GC）、EC+C和表儿茶素没食子酸酯（ECG）则高于甜茶。EGC和EGCG增加是茶树由南方低纬度地区向北方高纬度地区演进过程中为适应环境，在儿茶素合成代谢上羟基化作用加强的结果。

表3-3 江华苦茶主要品质成分分析

品　种	水浸出物（%）	茶多酚（%）	氨基酸（mg/g）
江华苦茶	48.50	39.21	1.674
江华甜茶	47.82	36.82	1.243
高桥群体	47.47	31.59	1.242

表3-4 江华苦茶儿茶素组分分析

品种	EGC		GC		EC+C		EGCG		ECG		总量(mg/g)
	含量(mg/g)	占比(%)	含量(mg/g)	占比(%)	含量(mg/g)	占比(%)	含量(mg/g)	占比(%)	含量(mg/g)	占比(%)	
江华苦茶	21.59	11.18	22.33	11.05	25.71	13.31	85.78	44.41	37.24	20.05	193.14
江华甜茶	26.86	14.65	17.53	9.55	19.27	10.51	87.31	47.60	32.38	17.69	183.35
高桥群体	26.06	17.56	6.53	4.40	12.30	8.28	72.22	48.66	34.29	21.08	148.40

2011 年 4 月上旬，李丹等采摘根据形态差异标记的 133 个江华苦茶群体单株的一芽二叶鲜叶进行生化成分检测分析（表 3-5），水浸出物含量最高的达 51.715%，最低的为 33.487%，平均为 44.509%，81.203% 的单株分布在 38.0% ～ 47.9%；茶多酚含量最高的达 39.764%，最低的为 14.904%，平均达 28.424%，81.203% 的单株分布在 24.0% ～ 34.9%；咖啡碱含量最高的为 7.602%，最低的为 2.601%，平均达 5.066%，82.706% 的单株分布在 4.0% ～ 5.9%；氨基酸含量整体不高，最高为 4.076%，最低仅为 0.893%，平均为 1.914%，91.729% 的单株分布在 1.0% ～ 3.0%；酚氨比平均超过 16%，其中最高达 35.648%。4 项常规品质成分（水浸出物、咖啡碱、茶多酚和氨基酸）中，变异系数最大的是氨基酸，达到 34.535；最小的是水浸出物，为 8.074%。江华苦茶的酚氨比的变异幅度较大，为 39.262%，最小值为 7.460，最大值为 35.648；133 个单株中，低于 8 的单株有 5 个，高于 15 的单株达 72 个。

表 3-5　133 个江华苦茶单株生化成分变异幅度（%）

变异幅度	水浸出物	茶多酚	咖啡碱	氨基酸	酚氨比
最小值	33.487	14.904	2.601	0.893	7.460
最大值	51.715	39.764	7.602	4.076	35.648
平均	44.509	28.424	5.066	1.914	16.747
标准差	3.594	4.187	0.780	0.661	6.575
变异系数	8.074	14.730	15.392	34.535	39.262

对 133 个江华苦茶单株中儿茶素的测定结果表明（表 3-6）：80.451% 的单株儿茶素总含量介于 10% ～ 19%，最高为 22.679%，最低为 5.648%，变异系数为 20.631%；89.474% 的单株酯型儿茶素（由 EGCG、ECG、GCG 组成）含量介于 8% ～ 14%，最高为 18.072%，最低为 5.350%，变异系数为 19.283%；71.429% 的单株非酯型儿茶素（由 EGC、C、EC 组成）含量介于 0.9% ～ 4.0%，最高为 6.049%，最低为 0.299%，变异系数为 62.362%。

表 3-6　133 个单株儿茶素总量分析（%）

变异幅度	儿茶素	酯型儿茶素	非酯型儿茶素
最小值	5.648	5.350	0.299
最大值	22.679	18.072	6.049
平均	13.088	11.467	1.621
标准差	2.700	2.211	1.011
变异系数	20.631	19.283	62.362

　　在儿茶素组分中，江华苦茶差异较大（表 3-7）。133 个单株中，EGC含量变化的幅度较大，为 0.073%～2.927%，最大值与最小值相差 40.096倍，变异系数为 87.024%；C 含量为 0.135%～4.308%，最大值和最小值含量相差 31.911 倍，变异系数为 76.739%；EC 含量为 0.025%～1.520%，最大值和最小值含量相差 60.800 倍，变异系数为 72.826%；EGCG 含量为 2.659%～10.446%，最大值和最小值含量相差 3.928 倍，变异系数最小，为 21.866%；GCG 含量为 1.334%～4.549%，最大值和最小值含量相差 3.410 倍，变异系数为 25.316%；ECG 含量为 0.978%～6.457%，最大值和最小值含量相

表 3-7　133 个江华苦茶单株儿茶素组分分析（%）

变异幅度	EGC	C	EC	EGCG	GCG	ECG
最小值	0.073	0.135	0.025	2.659	1.334	0.978
最大值	2.927	4.308	1.520	10.446	4.549	6.457
平均	0.647	0.621	0.353	6.301	2.908	2.257
标准差	0.563	0.477	0.257	1.378	0.736	0.936
变异系数	87.024	76.739	72.826	21.866	25.316	41.465

差 6.602 倍，变异系数为 41.465%。说明江华苦茶茶树资源在进化程度上存在丰富的多样性，群体内既存在较为原始的类型又存在较为进化的类型。

2012 年杨春等分别对筛选出的 100 份表现型较优的单株春（4 月上旬）、夏（6 月上旬）和秋（9 月上旬）三季一芽二叶鲜叶生化成分进行检测分析（表 3-8）。结果表明：江华苦茶 100 个单株的茶多酚含量存在明显差异，茶多酚含量最高的单株达 44.26%，含量最低的植株仅为 28.16%。氨基酸含量整体不高，游离氨基酸总量最高的单株仅为 2.99%；游离氨基酸总量在 2% 以上的植株 25 株，仅占全部供试植株的 1/4。水浸出物含量整体表现较高，含量为 44.63% ～ 52.82%，水浸出物含量 >48% 的植株达 67 株，占 67%。酚氨比整体较大，其中 <15 的单株数仅 11 株。江华苦茶可可碱含量和咖啡碱含量较高，可可碱含量平均值为 2.73 mg/g，最高达 5.58 mg/g；咖啡碱含量平均为 4.09%，最高达 5.19%。其基本生化成分及酚氨比的变异系数分析结果表明，水浸出物、咖啡碱和茶多酚 3 个指标的变异系数低于 15%，其中水浸出物的最低为 3.49%、茶多酚为 7.92%、咖啡碱为 11.95%，表明江华苦茶资源水浸出物、咖啡碱、茶多酚表现较为稳定、一致性较强，变异范围不大；游离氨基酸（22.20%）、酚氨比（28.55%）、没食子酸（38.27%）、可可碱（38.22%）、茶氨酸（38.50%）等 5 个指标的变异系数 >20%，变异幅度和变异范围较大，资源类型丰富，在实际育种中可选择的范围较宽。

表 3-8　江华苦茶资源基本生化成分变异系数

内含成分	最小值	最大值	平均值	标准差（%）	变异系数(%)
水浸出物（%）	44.63	52.82	48.74	1.70	3.49
茶多酚（%）	28.16	44.26	36.98	2.93	7.92
游离氨基酸（%）	1.04	2.99	1.80	0.40	22.20
酚氨比	10.50	42.56	21.75	6.21	28.55
可可碱（mg/g）	0.74	5.58	2.73	1.04	38.22
没食子酸（mg/g）	0.37	2.10	0.90	0.34	38.27
咖啡碱（%）	3.21	5.19	4.09	0.49	11.95
茶氨酸（mg/g）	2.02	14.95	6.41	2.47	38.50

杨春等（2012）对100份江华苦茶单株一芽二叶儿茶素测定结果表明（表3-9）：江华苦茶资源儿茶素类物质含量丰富，儿茶素总量为112.95～205.73 mg/g，资源间变异系数为13.97%，其中儿茶素总量在190 mg/g以上的单株有8株。各儿茶素组分中，EGC三季平均为19.01 mg/g、C为7.88 mg/g、EC为6.19 mg/g、EGCG为69.82 mg/g、GCG为29.87 mg/g、ECG为25.07 mg/g；EGCG、GCG、ECG三种酯型儿茶素组分三季含量为85.24～167.63 mg/g，其中含量在150.00 mg/g以上的单株达11株。100份茶树资源中儿茶素组分含量的差异变幅较大，变异系数三季平均EGC为39.08%g、C为40.29%、EC为35.62%、EGCG为19.02%、GCG为17.67%、ECG为29.00%。6个儿茶素组分中，除EGCG和GCG的变异系数<20%外，其余4个组分均>20%，其中C达到40.29%，说明江华苦茶群体品种资源儿茶素各组分变异幅度较大。

表3-9　江华苦茶资源儿茶素类物质统计分析

内含成分	最小值 (mg/g)	最大值 (mg/g)	平均值 (mg/g)	标准差 (mg/g)	变异系数 (%)
EGC	5.90	35.09	19.01	7.43	39.08
C	2.99	22.91	7.88	3.18	40.29
EC	2.41	13.97	6.19	2.21	35.62
EGCG	47.06	100.33	69.82	13.28	19.02
GCG	16.17	43.94	29.87	5.27	17.67
ECG	12.52	58.32	25.07	7.27	29.00
儿茶素总量	112.95	205.73	157.79	22.04	13.97
酯型儿茶素	85.24	167.63	124.71	18.28	14.66

江华苦茶的生化特性还表现出较大的季节性差异。春季茶叶整体表现为没食子酸、氨基酸类物质含量较高，生物碱和茶多酚含量较低；秋季茶多酚含量较高，其余各组分表现居中；夏季氨基酸类物质含量较低，生物碱含量较高（表3-10）。各儿茶素组分和不同类型儿茶素季间存在显著差异，其中

茶树新梢中 EGC 和 EGCG 含量春季与夏秋季间存在显著性差异，夏季与秋季间不存在显著性差异；C 含量夏季与春、秋季存在显著差异，春季与秋季间不存在显著性差异；ECG 含量秋季与春、夏季间存在显著差异，春季与夏季间不存在显著性差异；茶树新梢 EC 和 GCG 含量、儿茶素总量和酯型儿茶素含量季节间差异较大，春夏秋三季间存在显著性差异。这说明随着季节的变化，儿茶素各组分含量也发生着显著变化（表3-11）。

表 3-10　江华苦茶资源生化成分季节性差异分析

季节	水浸出物 (%)	茶多酚 (%)	游离氨基酸 (%)	酚氨比	咖啡碱 (%)	可可碱 (%)	没食子酸 (mg/g)	茶氨酸 (mg/g)
春季	44.62 ± 1.45b	33.60 ± 1.50b	2.04 ± 0.47a	17.87 ± 2.30b	3.71 ± 0.56b	2.10 ± 1.09c	1.17 ± 0.54a	8.24 ± 2.83a
夏季	51.41 ± 1.65a	36.71 ± 1.74b	1.57 ± 0.24b	25.58 ± 3.60a	4.37 ± 0.69a	3.53 ± 1.73a	0.81 ± 0.47b	5.19 ± 2.80b
秋季	50.15 ± 1.18a	40.64 ± 1.14a	1.80 ± 0.21c	24.58 ± 3.44c	4.20 ± 0.50c	2.56 ± 0.97	0.72 ± 0.49b	5.59 ± 3.30b

注：表中同一指标后不同小写字母表示差异显著（$P \leqslant 0.05$），下同。

表 3-11　不同季节儿茶素组分差异显著性分析

季节	EGC (mg/g)	C (mg/g)	EC (mg/g)	EGCG (mg/g)	GCG (mg/g)	ECG (mg/g)	儿茶素总量 (mg/g)	酯型儿茶素 (%)
春季	19.88 ± 9.57a	8.09 ± 5.01b	4.30 ± 2.07a	77.20 ± 17.45a	36.09 ± 9.88a	24.16 ± 10.15b	169.73 ± 28.91a	137.45 ± 26.79a
夏季	18.35 ± 7.30b	7.13 ± 3.21a	6.67 ± 2.27b	65.70 ± 14.01b	25.01 ± 8.57c	24.04 ± 6.69b	146.90 ± 26.62c	114.75 ± 21.97c
秋季	18.78 ± 8.30b	8.42 ± 3.35b	7.60 ± 3.24c	66.57 ± 12.74b	28.38 ± 5.53b	27.00 ± 7.69a	156.75 ± 22.97b	121.95 ± 18.05b

第三节　资源收集、保存和引种驯化

一、资源的收集与保存

刘宝祥等于 1975 年秋在江华林区采集 210 个苦茶单株的种籽，并在湖南省茶叶研究所（长沙）采用分株播种，建立苦茶原种圃 0.62 hm²，进行引种驯化、性状分离和良种选育研究。1981 年，蓝山县科学技术委员会承担了湖南省科学技术委员会协作项目，共收集了苦茶原种单株 392 个，其中比较典型的白叶苦茶 16 个、青叶苦茶 11 个、竹叶苦茶 8 个和牛皮苦茶 8 个。1991 年，湖南省茶叶研究所将其中表现较好的株系送往中国农业科学院茶叶研究所做进一步研究和做珍稀资源保存（图 3-7、图 3-8）。

图 3-7　原种圃（牛牯岭）

图 3-8　原种单株新梢（牛牯岭）

二、引种驯化

1.对气候的适应性

江华苦茶引种到长沙县高桥后，干扰较大的是气候的影响。在江华林区的极端最低气温为-6.9℃，在长沙地区则为-9℃。种子萌动期一般要推迟15～20 d出苗，江华苦茶在长沙的出苗盛期处于5月下旬，6月为陆续出苗期；在长沙地区历年该时期都出现高温、干旱，使出土的幼苗遭受损失，直播茶园成苗率都在20%以下，失去了生产价值。为了解决这一问题，选择山谷旱田土作苗圃，出苗率达到80%以上。秋冬季干旱对苦茶移栽成活率和幼苗成园都有危害。加强幼苗期的田间管理，促进早成园，是提高江华苦茶经济效益的关键措施之一。

2. 对树型改造的适应性

江华苦茶为乔木型茶树进化到灌木型茶树的中间类型。在直播情况下，树型按乔木型发展；育苗移栽后，侧根增多。由于侧根的增生作用，也引起侧枝增生，并使分枝部位向下移动，在定型修剪作用下，骨干枝降到根颈部形成，按侧轴系统发展，变为灌木型树冠。这一树冠改造过程，能使树体的适应性加强，可以继续接受修剪、采摘等农业技术措施，成为茶叶高产的基础。

3. 叶形的变化

江华苦茶在原产地属大叶类，引种到长沙后，由于生态条件的影响，风旱加剧使叶形变小，叶尖钝化，锯齿变为细密；光照加强，使叶色加深，由黄绿变为翠绿或深绿。其中叶形较大、叶尖渐尖延长、黄绿发亮的植株反映了江华苦茶的特点，将这些具有典型性状的植株进行分离纯化，可选育出新的品系。

4. 叶片解剖结构变化

观察移栽在长沙高桥的仍具有江华苦茶典型性的株系，叶片栅栏组织为一层，证明解剖结构是稳定的。但根据引种的210个单株同一母株的种子后代（即株系），有不少植株的栅栏组织是两层，分离率为20%～80%。其原因可能是采种地江华苦茶与江华甜茶混种后，天然杂交后子代产生了分离现象。

5. 芽叶化学成分含量的变化

分析具有江华苦茶典型性状的10个有代表性的株系样品，与原产地苦茶群体及国家级良种槠叶齐对照（表3-12），结果表明：无论是茶多酚或水浸出物含量，引种到湖南长沙的江华苦茶都略低于原产地的江华苦茶群体，但高于红、绿茶兼制的国家级良种槠叶齐，说明江华苦茶是一个很有利用价值的资源。

表 3-12　江华苦茶等品种的化学成分比较

品　种	氨基酸(%)	多酚类(%)	水浸出物(%)	备注
江华苦茶（X̄）	1.27	34.72	47.23	引种长沙后的 10 个典型株系
楮叶齐	1.32	31.23	45.99	产地长沙
江华苦茶群体	1.84	39.21	48.50	原产地江华

第四节　单株筛选

根据我国"七五""八五""九五"三次茶树种质资源筛选研究表明，茶多酚含量高于 34%、氨基酸高于 3%、咖啡碱含量高于 5%、水浸出物含量高于 48% 的被视为超常规水平的品种、株系或单株。2012 年，李丹等通过对 133 个江华苦茶单株进行内含成分和儿茶素组分分析，筛选出高茶多酚（34%）资源 14 份、高游离氨基酸（3%）资源 9 份、高咖啡碱（6%）14 份、高水浸出物（48%）19 份、酯型儿茶素与儿茶素总量高于 95% 的资源 11 份、EGCG 含量高于 9% 的资源 6 份。这些资源一方面可直接应用于生产，另一方面可作为茶树品质遗传改良的重要资源，为今后特异茶树品种的开发和江华苦茶资源的利用与保护提供一定参考。

第五节　品种选育

一、潇湘红 21-1

湖南省茶叶研究所从江华苦茶群体资源中通过系统选种程序选育出了优质高咖啡碱红茶新品种。特征如下：中叶类，中生种，芽叶黄绿，产量高；内含物丰富，春季红、绿茶主要品质成分含量分别为水浸出物 38.26%、44.22%，茶多酚 19.40%、30.38%，游离氨基酸 5.01%、5.04%，咖啡碱 5.11%、5.09%；

红、绿茶中咖啡碱含量均高达 5% 以上，属于高咖啡碱优异茶树资源。制红、绿茶品质兼优，尤以红茶品质突出，冷后浑现象明显，乳状络合物呈橙黄色。抗寒、抗旱、抗病虫能力均较强，是一个优质高咖啡碱红茶新品种。

（一）芽叶性状

1. 发芽密度、芽长、百芽重

春茶发芽密度每 0.11 m² 为（58.00±2.65）个，发芽密度为稀；一芽一叶和一芽二叶长分别为（0.63±0.09）cm 和（2.06±0.44）cm；百芽重分别为（11.83±0.83）g 和（20.12±0.58）g。

2. 叶片性状

芽叶黄绿色，少茸毛。成叶呈略上斜状着生，叶片深绿发亮，平展富光泽、长椭圆形；叶长 8.57 cm，叶宽 3.49 cm，长宽比为 2.46，叶面积为 20.95 cm²；叶质柔软，叶尖渐尖延长，侧脉平均 7.5 对，锯齿细密较浅，平均 32.8 对，排列较均匀。

（二）春茶萌发期

1989—1991 年品比试验区连续 3 年观察，21-1 鱼叶期比对照槠叶齐早 1 d，一叶期迟 2 d，属于中生种。

（三）生长势

2 年生茶树树高 95.4 cm、树幅 63.8 cm、分枝数 85.2 个，分别比对照槠叶齐（67.4 cm、33.3 cm、25.1 个）高 41.5%、90.2% 和 223.5%；3 年生茶树树高 85.2 cm、树幅 65.5 cm、10 cm 以上分枝 120.6 个，分别比对照槠叶齐高 27.2%、35.6% 和 26.3%；骨干枝 3.4 个，与对照相当。无论是树高还是树幅，2 年生还是 3 年生，21-1 生长势都明显优于对照槠叶齐。

（四）鲜叶产量

品比试验区 3 年生和 4 年生茶园按标准多次采摘的情况下，春、夏茶产量分别比对照槠叶齐高 48.69% 和 95.60%，秋季修剪物重量分别比对照槠叶齐高 135.58% 和 147.76%。

（五）内含生化成分

2017 年 4 月 9 日采一芽一叶嫩度的鲜叶制绿茶样，以福鼎大白茶为对照；2017 年 5 月 12 日采一芽二叶嫩度鲜叶按传统红条茶工艺制红茶样，以槠叶齐和潇湘 1 号为对照，测定 4 个品种红、绿茶的主要品质成分。结果表明：红、绿茶主要品质成分含量水浸出物分别为 38.26% 和 44.22%，茶多酚分别为

19.40% 和 30.38%，游离氨基酸分别为 5.01% 和 5.04%，咖啡碱分别为 5.11% 和 5.09%；红、绿茶中咖啡碱含量均高达 5% 以上，属于高咖啡碱优异茶树资源（表 3-13、表 3-14）；绿茶儿茶素品质指数高于福鼎大白茶（表 3-15）；红茶的茶红素和茶黄素的比值为 11.2，茶红素和茶黄素比例优（表 3-16）。具有加工优质绿茶和优质红茶的品种特征，尤以红茶品质突出。

表 3-13　21-1 绿茶内含成分（%）

品种（系）	水浸出物	茶多酚	游离氨基酸	咖啡碱
21-1	44.22 ± 0.71a	30.38 ± 0.55a	5.04 ± 0.19a	5.09 ± 0.19a
福鼎大白茶（CK）	36.93 ± 0.79b	19.86 ± 0.49b	4.34 ± 0.26b	4.24 ± 0.22b

注：表中同一指标后不同小写字母表示差异显著（$P \leqslant 0.05$），下同。

表 3-14　21-1 红茶内含成分（%）

品种（系）	水浸出物	茶多酚	游离氨基酸	咖啡碱
21-1	38.26 ± 0.81a	19.40 ± 0.41a	5.01 ± 0.28a	5.11 ± 0.20a
槠叶齐（CK1）	34.36 ± 0.70c	14.23 ± 0.53c	4.29 ± 0.35c	4.43 ± 0.21b
潇湘 1 号（CK2）	35.64 ± 0.76b	15.32 ± 0.39b	4.52 ± 0.38b	5.13 ± 0.26a

表 3-15　21-1 儿茶素组分（mg/g）

品种（系）	GC	EGC	C	EC	EGCG	GCG	ECG	$\frac{EGCG + ECG}{EGC}$	儿茶素总量
21-1	8.31 ± 0.11a	10.31 ± 0.08b	2.33 ± 0.06a	2.16 ± 0.01b	68.82 ± 0.79a	35.07 ± 0.05a	17.12 ± 0.04a	8.34	144.12
福鼎大白茶（CK）	4.16 ± 0.06b	11.14 ± 0.07a	2.16 ± 0.03b	4.99 ± 0.03a	45.41 ± 0.62b	19.13 ± 0.04b	15.64 ± 0.03b	5.50	102.63

表 3-16　21-1 茶色素含量

品种（系）	茶黄素（TF）(%)	茶红素（TR）(%)	茶褐素（TB）(%)	TR/TF
21-1	0.48	5.39	7.55	11.2
槠叶齐（CK1）	0.48	5.76	9.43	12.0
潇湘 1 号（CK2）	0.44	6.60	7.07	15.0

（六）制茶品质

2017 年 4 月 9 日采一芽一叶嫩度的鲜叶，制绿茶样，以福鼎大白茶为对照；2017 年 5 月 12 日采一芽二叶嫩度鲜叶按传统红条茶工艺制红茶样，以槠叶齐和潇湘 1 号为对照，送湖南农业大学和广东省茶叶进出口公司审评。结果表明：21-1 制绿茶，外形条索弯曲尚紧细、色泽绿润，汤色黄绿明亮，果香浓郁，滋味鲜爽，香气（96.0 分）和滋味（94.5 分）均优于对照（92.0 分和 92.5 分），综合感官审评结果相当于对照（表 3-17）；所制红条茶外形乌黑油润，汤色红艳明亮，香气甜香醇正，滋味甜醇，总评分与国家级对照种槠叶齐和省级良种高香优质红茶种潇湘 1 号相当（表 3-18）；所制红碎茶外形颗粒紧结、色泽黑润带棕，香气鲜浓、有大叶种风味，滋味浓度好，加奶后汤色呈玫瑰红、茶味浓，达二套样上档水平（表 3-19）。

表 3-17　21-1 绿茶感官审评结果

品种（系）	外形（分）		内质（分）								总分（分）
			汤色		香气		滋味		叶底		
21-1	条索尚紧细、稍弯、绿、润	91.0	黄绿明亮	92.5	果香浓郁	96.0	尚鲜爽、浓	94.5	黄绿尚亮、尚匀	92.5	93.3
福鼎大白茶	条索紧细、尚匀、稍弯，颜色翠绿、白毫满被	94.0	黄绿明亮	94.5	清香纯正	92.0	鲜尚醇	92.5	黄绿明亮、均匀	94.0	93.4

注：总分＝外形（25%）＋汤色（10%）＋香气（30%）＋滋味（25%）＋叶底（10%），下同。

江华苦茶 JIANGHUA KUCHA

表 3-18 21-1 红条茶感官审评结果

品种（系）	外形（分）	内质（分）								总分（分）
		汤色		香气		滋味		叶底		
21-1	色泽乌黑油润、尚紧细	92.5	红艳明亮	92.5	甜香醇正	93.0	甜醇	94.0	红匀明亮	94.0	93.2
楮叶齐	尚紧细、弯曲、金毫显露，棕褐尚润	93.0	尚红亮	92.5	甜香醇正	92.0	尚甜醇	92.0	红亮	92.5	92.4
潇湘1号	紧结、棕褐尚润、带金毫	92.5	红艳明亮	93.0	甜香带花香	93.5	醇爽	93.0	红、尚亮	92.0	92.9

表 3-19 21-1 红碎茶感官审评结果

品种	外形	汤色	香气	滋味	叶底	综合品质
21-1	颗粒紧结，色泽黑润带棕	红艳明亮	鲜浓，有大叶种风味	滋味浓度好，加奶后汤色呈玫瑰红、茶味浓	红匀明亮	达二套样上档水平

注：送审单位为广东省茶叶进出口公司（1987 年 8 月）。

（七）抗逆性

21-1 在湖南、湖北和广西均表现出强抗寒性、较强的抗旱性和抗病虫能力。1989 年 2 月 1 日长沙地区出现−8.9℃低温，21-1 生长正常，未受冻害。1991 年 12 月 29 日湖北省农业科学院果树茶叶研究所极端最低温为−9.8℃，21-1 基本上无冻害，而楮叶齐冻害严重。1992 年 7～11 月广西桂林茶叶科学研究所连续 4 个月干旱无雨，21-1 抗旱评分为 4 分，高于对照云南大叶种，表现出较强的抗旱性。长沙地区 21-1（4 分）抗旱性亦较对照楮叶齐（3.5 分）强。

湖南省茶叶研究所高桥镇品比试验区 2017 年 7～8 月高温干旱无雨，历经 19 天极端天气后，21-1 基本无旱害，比对照福鼎大白茶表现出较强的抗旱性。21-1 抗寒性、抗橙瘿螨的能力比对照云南大叶种和国家级良种秀红、五岭红等亦强。

安徽省东至茶树良种示范场 1988 年引种，生长强壮。经 1991 年罕见冰冻，抗寒性较强，基本无冻害。

综上所述，21-1 为中叶类，中生种，芽叶黄绿，产量高；内含物丰富，制红、绿茶品质兼优，尤以红茶品质突出，冷后浑现象明显（图 3-9），乳状络合物呈橙黄色；红、绿茶中咖啡碱含量均高达 5% 以上，属于高咖啡碱优异茶树资源；抗寒、抗旱、抗病虫能力均较强；是一个适宜在长江中下游茶区种植推广，同样也适宜于华南茶区和西南茶区的大叶红茶区推广种植的优质高咖啡碱红茶新品种（图 3-10、图 3-11）。

图 3-9　3 种茶样对比冷后浑现象

图 3-10　21-1 生产茶园

图 3-11　21-1 芽梢

二、潇湘红 21-3

21-3 是湖南省茶叶研究所从江华苦茶群体中采用单株选育法选育出的优质抗寒红茶新品种。

（一）芽叶性状

1. 发芽密度、芽长与百芽重

21-3 春、夏茶发芽密度大于对照槠叶齐，分别比对照槠叶齐高 28.48% 和 44.96%；一芽一叶、一芽三叶长度和百芽重均比对照槠叶齐短而轻，是一个芽数型品种。

2. 叶片性状

成叶呈略上斜状着生，叶片黄绿发亮，平展富光泽、长椭圆形；叶长 11.02 cm，叶宽 4.06 cm，长宽比为 2.72，叶面积为 31.30 cm^2；叶质柔软，芽叶少茸毛，叶尖渐尖延长，侧脉平均 8.4 对，锯齿稀而较深，平均 26.3 对，排列较均匀。

（二）春茶萌发期

1987—1989 年品比试验区连续 3 年观察，21-3 发芽期比对照槠叶齐迟 3～4 d，其展叶期亦晚 3～4 d，萌展值也与此趋势相同，表明 21-3 属于中生种。

（三）鲜叶产量

1987—1989 年品比试验区平均每 667 m^2 产鲜叶 379.90 kg（小区折算），比对照（167.55 kg）多 212.35 kg，增产 126.74%，达到极显著水平。生产试验茶园成龄后一般每 667 m^2 年产鲜叶 1 000 kg 左右。

（四）鲜叶生化成分

1986—1989 年品比试验区连续 4 年春、夏、秋三季采一芽二叶制蒸青样进行茶多酚、氨基酸与水浸出物含量测定，21-3 氨基酸含量春、夏、秋茶均与槠叶齐相当，而水浸出物含量特别是茶多酚含量 21-3 比槠叶齐高。夏季茶多酚含量 4 年平均值 21-3 为 39.63%，比槠叶齐高 5.17%。槠叶齐是一个红、绿茶兼优型品种，而 21-3 是一个典型的优质红茶品种（表 3-20）。

（五）适制性

品比试验区制成的红碎茶香气高锐、鲜爽，汤色红艳，滋味浓强鲜爽，加奶后粉红色、茶味浓，叶底红亮，达我国红碎茶品质二套样水平（表 3-21）。湖北区试点制成的红碎茶品质优于槠叶齐，所制绿茶稍差于福鼎大白茶

（表 3-22）。广西区试点制成红碎茶品质略优于云南大叶种，所制绿茶相当于云南大叶种（表 3-23）。

表 3-20 鲜叶主要内含成分（%）

品 种	茶多酚			氨基酸			水浸出物		
	春	夏	秋	春	夏	秋	春	夏	秋
21-3	32.32	39.63	30.22	3.08	1.18	1.94	44.43	49.73	48.60
楮叶齐（CK）	27.37	34.46	30.41	3.02	1.15	1.80	42.28	47.44	47.17

表 3-21 21-3 红碎茶品质鉴评结果

外形	香气	汤色	滋味	叶底	评价	审评单位及时间
色棕润	香高锐	红亮	浓爽		二套样高水平	中国农业科学院茶叶研究所（沈培和，1988.8）
颗粒紧结、色泽棕红、尚润	高锐带芬芳	红艳	浓强鲜爽较全面	红亮悦	达我国红碎茶品质二套样水平	湖南省茶叶研究所（彭继光，1988.9）
棕红紧结较重实、多片梗、欠匀齐、尚润	高有花香	红稍深、加奶后粉红色	浓强尚鲜、加奶后茶味浓	红亮有青片	达二套样水平	湖南农学院（施兆鹏，1988.9）
颗粒尚紧、匀净、色乌泛棕	高甜	红艳	强尚浓	红艳	达二套样标准水平	浙江农业大学（张堂恒，1988.8）
色泽较乌红润	鲜爽较高	红艳较鲜、有冷后浑	浓强	红匀亮	在浓强度方面超过二套样水平	安徽农学院（田兴安等，1988.11）
色棕红、颗粒匀整、夹片红梗筋毛多	鲜爽	红艳明亮	强烈鲜爽	橘红明亮、嫩度好	品质相当于二套样	中国土产畜产进出口总公司湖南茶叶分公司（黄岳临，1988.10）
净度稍差、色棕含绿片	鲜香	稍浓尚涩		红亮	内质相当二套样	中国土产畜产进出口总公司上海茶叶分公司（1988.10）

表 3-22　湖北区试点红碎茶审评结果（1992、1993 年）

品　种	评语		两年平均得分（分）	
	红茶	绿茶	红茶	绿茶
21-3	棕润、红亮、高锐	清高、清爽、嫩绿明亮	88.5	85.6
楮叶齐（CK）	乌润、红亮、纯正、浓尚爽	—	86.1	
福鼎大白茶（CK）	—	嫩香醇爽、黄绿明亮	—	88.8

表 3-23　广西区试点红碎茶审评结果（分）

品　种	1992 年				1993 年				两年平均			
	红茶		绿茶		红茶		绿茶		红茶		绿茶	
	得分	比较	得分	比较	得分	比较	得分	比较	得分	比较	得分	比较
云南大叶种	87.5	100	84.4	100	84.6	100	89.1	100	86.1	100	86.8	100
21-3	89.2	101.9	83.7	99.2	84.1	99.4	91.6	102.8	86.7	100.7	87.7	101.0

（六）抗逆性

21-3 在湖南、湖北、广西均表现出抗寒性强、抗干旱和抗病虫害能力较强的优势。1989 年 2 月 1 日，长沙地区出现 −8.9℃ 低温，21-3 生长正常，未受冻害。高温干旱 8 ～ 9 月连续调查 3 年，21-3（4 分）抗性较对照楮叶齐（3.5 分）强。1991 年 12 月 29 日，湖北省农业科学院果树茶叶研究所极端最低温为 −9.8℃，21-3 基本上没有冻害，而楮叶齐冻害严重。1992 年 7 月 6 日至 11 月 6 日广西桂林茶叶科学研究所干旱无雨，抗旱评分为 4 分；同等条件下，21-3 比对照云南大叶种表现为抗旱性强。抗寒性、抗橙瘿螨的能力比对照云南大叶种和国家级良种秀红、五岭红、307、906 亦强。安徽省东至茶树良种示范场 1988 年引种，生长强壮。经 1991 年罕见冰冻，抗寒性较强，基本无冻害。

综上所述，21-3适应性强，产量较高；制红茶香气高锐，干茶外形色泽棕润，汤色红亮，品质优于对照楮叶齐，红碎茶品质达二套样水平；抗寒性强，极端最低温度−9.8℃，基本上无冻害；抗旱、抗虫各项指标明显优于双对照（云南大叶种、楮叶齐）；是适宜在长江中下游茶区种植推广，同样也适宜于华南茶区和西南茶区大叶红茶区推广种植的优质抗寒红茶品种（图3-12、图3-13、图3-14）。

图3-12　21-3生产茶园

图3-13　21-3幼龄茶树（1年生）　　图3-14　21-3芽头

第六节 展　望

一、资源发掘与品种选育

江华苦茶是湖南四大地方特色茶树种质资源之一，群体之间存在显著差异；江华苦茶适应性强，抗寒性强，特色资源丰富。之前湖南省茶叶研究所从中挖掘出许多特异种质资源与单株，并选育出多个特色品种。近年来，李丹（2012）等从江华苦茶种质资源中筛选出高茶多酚（＞34.0%）资源14份、高咖啡碱（＞6.0%）资源14份、高水浸出物（＞48.0%）资源19份、高酯型儿茶素（＞95.0%）资源11份、高 EGCG（＞9.0%）资源6份，还发现富含高茶氨酸、高花青素、高茶黄素等特色资源。可见，今后在江华苦茶特异资源的挖掘与新品种选育上，一方面可继续重点发掘特色资源、单株，根据资源的特异性，选育出相应特色品种，如高 EGCG、高咖啡碱、高茶多酚等茶树新品种；另一方面可充分利用江华苦茶的资源优势及基因库，通过采取远缘杂交、基因累加、基因嫁接等现代生物技术手段创新种质，加快资源选育步伐，实现江华苦茶及湖南茶树新品种选育的突破性发展。

二、加工利用

江华苦茶内含物丰富，茶多酚及儿茶素类物质含量高，水浸出物和茶多酚含量均高于红、绿茶兼制的国家级茶树良种楮叶齐；江华苦茶资源的酚氨比较高，与阿萨姆种茶类相似；绿茶儿茶素品质指数与阿萨姆茶相近，其中的 EGC 含量比例较高；新梢的发酵性较强，与云南大叶群体无显著差异，适制红茶，尤其红碎茶香气独特、花蜜香浓郁、汤色红浓、滋味浓醇、收敛性强、叶底红亮，鲜爽度和浓强度均高于对照楮叶齐。目前江华苦茶的加工利用仍停留在传统加工工艺，因其酯型儿茶素和咖啡碱等含量较高，加工的茶叶苦涩味重，市场接受度较低，未能充分发挥江华苦茶资源的特性和特色。因此，江华苦茶在加工利用上应根据江华苦茶资源的特征特性，加大新的工艺及新产品的研发力度。一是目前高 EGCG 茶在国内外市场具有良好的发展前景，且高 EGCG 优质茶（EGCG 含量≥10.00%）稀少，江华苦茶种质资源中 EGCG 达10.446%，充分利用江华苦茶具有的高 EGCG 等功能成分，研发高 EGCG、高咖啡碱等功能性茶叶新产品；二是通过研究优化、创新江华苦茶加工工艺，增强工艺技术的针对性，突出江华苦茶的香气、甜醇和浓厚度，通过采用个性化的或专属的加工工艺及技术，研发出辨识度高的江华苦茶特色新产品，从而充分发挥出江华苦茶资源的特色及潜在价值，促进江华苦茶产业的快速发展。

[第四章]
茶 树 种 植

江华苦茶是湖南省 1987 年认定的优良地方群体品种，制红茶香气浓郁、滋味浓爽，制绿茶栗香明显、滋味嫩爽，是红、绿茶品质皆优的茶树珍稀资源。江华苦茶作为珍稀地方茶树种质资源，虽然被发现和认定达 30 多年，但是一直没有被大范围地推广应用，过去大都以野茶的状态种植在大山深处瑶族村民的房前屋后。近年来，随着当地政府对江华苦茶进行大力推广及红茶产业发展对优质红茶资源与品种的需求，对江华苦茶种植的规范化和标准化显得尤为重要。

第一节　江华苦茶生态种植区

一、原产地自然环境

江华苦茶原产于南岭山脉，主要分布在九嶷山和萌渚岭，以江华瑶族自治县的两岔河、码市、湘江、贝江、大圩、河路口和蓝山县的百叠岭、火市、大麻、荆竹等地最多。位置在东经 111°30′～112°20′、北纬 24°40′～25°20′，海拔高度多在 1 000～1 500 m，林深树密，田畴稀少，在气候区划中属于南岭亚热带湿润冬季温暖区。根据江华历年气象资料，年平均温度为 17.5℃，降水量在 1 600 mm 以上，蒸发量 1 250 mm 左右，相对湿度83%，日照时数

1 376 h，常年早霜期 11 月 24 日，晚霜期 2 月 24 日，无霜期达 278 d，极端最高气温 37.9℃，极端最低气温-6.9℃。植被都是常绿阔叶林。土壤主要是红壤及山地黄棕壤，表土层富含腐殖质，结构良好。土壤有黄泥土、黑泥土、灰泥土、红泥土和沙泥土等 5 种，生长在黑泥土和灰泥土里的茶树特别繁茂（图 4-1、图 4-2）。

图 4-1　苦茶原生环境

图 4-2　原产地自然生态

二、江华苦茶的适应性

江华苦茶在适应性方面突出地表现为耐寒性强，云南大叶种在-3℃即可遭受冻害，而江华苦茶可以忍耐-6 ～-7℃的低温，引种在长沙地区，抵御过−9℃的严冬，这种耐寒性的增强，对于扩大种植范围十分有利。此外，江华苦茶的骨干枝可以由枝下高 1 m 降低到地面形成，对于乔木型茶树改造为灌木型茶树生产容易获得成功。但是，江华苦茶耐旱能力薄弱，应引起引种工作者注意。

江华苦茶群体品质优良。湖南省茶叶研究所彭继光、刘宝祥根据江华苦茶群体中的儿茶素组分研究发现，其简单儿茶酚 EC、C 含量较高，与云南勐海野生大茶树相似，而复杂儿茶素 EGCG、ECG 含量又与掸形种、阿萨姆种、中国种（灌木茶）相似，表明江华苦茶与云南大叶种茶树有亲缘关系，在进化系统上又接近掸形种、阿萨姆种及遍通灌木茶（中国种），是一个适制红茶的优良品种。因其抗寒性比云南大叶种强，适应范围广，经过提纯驯化，将是我国长江中下游茶区争取国际红茶市场的一个很有前途的品种。

江华苦茶成为云贵高原大茶树的一个变种并产生各种各样的变异类型是符合自然的规律，很多不能种植云南大叶种的茶区，都能种植江华苦茶，如长沙地区及与长沙地区相似生态的茶区。

三、生态环境变化对江华苦茶品质性状的影响

湖南省茶叶研究所 20 世纪 80 年代以来，对原产江华本地的江华苦茶母株及子代与引种到长沙县高桥镇湖南省茶叶研究所科研基地的母株及子代进行多年的品质成分对比。结果发现：无论是茶多酚或水浸出物含量，引种到湖南长沙的江华苦茶都略低于原产地的江华苦茶群体，但高于红、绿茶兼优的国家级茶树良种槠叶齐，说明江华苦茶是一个很有利用价值的资源。通过加强肥培管理等农业技术措施，江华苦茶的各种品质成分均大为增加，特别是在儿茶素组成中，没食子型儿茶素明显上升。

江华苦茶地方群体品种茶多酚含量高达 39.21%，制红茶品质优良，在原产地可以达到二套样水平，引种到长沙县所制的红碎茶可达三套样水平。抗寒性较强，可安全度过−9℃低温，适应性介于云南大叶种与槠叶齐之间。

四、适宜江华苦茶推广的茶区

根据江华苦茶原产地的自然环境，江华苦茶资源与品种的适应性及其生态环境变化对其在品质成分方面的影响，结合适制茶类，归纳总结江华苦茶适合推广的茶区如下。

1. 江华苦茶最适宜生态种植区

江华苦茶原产于南岭山脉，主要分布在九嶷山和萌渚岭，根据原产地的生态环境条件特点，以原产地为中心，方圆 100 km 的区域为江华苦茶茶树种植生态最适宜地区。该区域和江华苦茶原产地气候、生态环境相似，均为亚热带湿润气候区，具有气候温和、雨量充沛、冬寒期短、夏无酷暑、无霜期长、湿度大、晨雾多、风速小等气候特点。从湖南产茶区区域分布来看，该区地处湘南优质红茶地带的江华、蓝山、宜章、汝城、桂东、江永、常宁等县区域内；从全国茶区分布来看，包括华南茶区的桂东北、粤北、赣南等地都是江华苦茶最适应生态种植区，该区域处在北纬25°上，即处于最适宜种植适制红茶茶树品种区域线上。该区域无论是在江华苦茶原产地，还是湘南其他地区发展江华苦茶群体品种，以及从江华苦茶自然杂种后代中选择出来单株及品种，均能体现江华苦茶品质特色，制作的红碎茶可达二套样水平，为江华苦茶最适应生态种植区。

2. 江华苦茶适宜生态种植区

30 多年以来，根据湖南省茶叶研究所对江华苦茶进行北移长沙地区引种的试验，结果表明在极端最低气温-9℃以上、历年极端最低气温平均值-5.5℃以上、≤-7℃的出现频率30 % 及 1 月的平均气温 4.5℃的地区，都可栽培江华苦茶，并能安全越冬；且生长发育良好，对气候的适应性也很强，可安全度过一个又一个寒冬、经历一个又一个酷暑，尤其是度过了极端最低气温-9℃的天气。用其鲜叶制作红碎茶小样和大样，经感官审评和理化分析，认为仍不失其大叶种的品质风格，滋味浓强，叶底红亮，主要品质成分的含量均显著高于当地中小叶群体品种，认为其品质高于三套样水平。

专家认为，湖南洞庭湖以南的茶都可引种栽培江华苦茶，区域包括湖南省布局规划的 U 形优质绿茶带、雪峰山脉优质黑茶带、环洞庭湖优质黄茶带等产茶带。从全国茶区分布来看，长江中下游的中南茶区，包括湖北西南部、湖南、江西、安徽南部、江苏南部、浙江等以生产红、绿茶为主，尤其是需要提高中小叶种茶区的红茶品质的茶区，这些地区为江华苦茶适应生态种植区。其主要气候特点为：中亚热带季风气候，四季分明，年平均温度15℃以上，冬季气温一般在-8℃以上，绝大部分地区 ≥ 10℃的积温为 5 000℃以上，无霜期210 ～ 230 d，年降水量1 000 ～ 1 600 mm，红黄壤。但是专家建议，在以上江华苦茶适应生态种植区，应选择从江华苦茶自然杂种后代中选择出来的既具有江华苦茶品质特色又适应性较强和产量较高的新品种，如 21-1、21-3、37-2 等，能够有效地提高中小叶种茶区的红茶品质。

第二节　茶园建设

一、园地选择

选择江华苦茶适宜的生态种植区域，茶园建设在水土保持良好，生物多样性指数高，远离交通干线、工业生产区和城市污染源，具有较强的可持续生产能力的区域；计划建设有机茶园的，应选择在远离城市和交通要道、海拔相对较高的地段，且适当集中连片、适应机械化作业的山地或平地建设。

基地土层的深度不低于 60 cm，土壤的 pH 为 4.5～6.0，最高不得超过 6.5；土壤地下水位离地面 1 m 以上；适宜种植区海拔高度在 1 000 m 以下，其中最适宜种植区海拔不高于 800 m。

为有利于江华苦茶的优质、高产、高效益，宜选择土壤肥力高，土壤全氮含量为 0.1%～0.2%，有机质含量丰富（含量≥2.0%）；肥力低的基地，宜先种植绿肥，改良土壤。

茶园及周围的大气环境质量应符合《环境空气质量标准》（GB 3095—2012）中规定的二级标准要求；茶园灌溉用水应符合《农田灌溉水质标准》（GB 5084—2005）中规定的旱作农田用水水质要求，且要求水源充足；茶园土壤质量应符合《土壤环境质量　农用地土壤污染风险管控标准（试行）》（GB 15618—2018）规定的二类土壤环境质量要求，周围无污染源，土壤无污染。与现有其他常规农业生产用地之间应设有隔离带，隔离带以山、自然植被、人工林等天然屏障为宜。

二、茶园规划

新建茶园应做好规划。茶园规划与建设要求有利于保护和改善茶区环境的生物多样性，维护茶园生态平衡，发挥茶树良种的优良种性，便于茶园灌溉和田间日常作业，促进茶叶生产可持续发展。其生产区和生活区的布局要合理，路沟要分明，茶园富有园林化的优美环境。

（一）区块划分

禁止毁坏森林发展茶园，规划发展茶园的四周或区块内不适合种茶的空地应植树造林，茶园的上风口应营造防护林。对于坡度大于25°，土层深度小于60 cm，以及不宜种植茶树的区域应保持自然植被。大面积茶场，要依据地形、地貌情况，划分成若干个生产作业区，每区划分成若干个地块。地块的形状以长方形为好，以利于耕作管理。山地茶园的地块，一般采用纵、横水沟来划分；平地和缓坡茶园，一般用道路来划分。地块面积一般以1 hm²左右为好，不强求一致，但每块茶行的走向应尽量做到一致。对于面积较大且集中连片的基地，每隔一定面积应保留或设置一些林地。

（二）排灌系统设置

建立完善的排灌系统，做到能蓄能排。茶树属于怕旱又怕涝的作物，尤其是江华苦茶，耐旱能力偏弱，建立节水灌溉系统更有必要。此外，山地茶园还有一个水土保持问题，因此在规划时必须把茶园排灌系统作为一项重要内容考虑。

山地茶园在与林地或荒地交界处还需设置一条隔离沟，防止山水流入茶园；上部设置截洪沟，下部设置排水沟，深度达到0.5 m以上，宽度0.8 m以上。

茶园的排水系统，包括纵沟和横沟。纵沟顺坡向开设，一般与茶行方向垂直，用于接纳横沟溢水；横沟依等高线开设，一般与茶行方向平行，用于拦蓄茶园流水。坡地茶园要每隔15～25 m设置一条，深度达到0.3 m以上，宽度0.4 m以上。

灌溉系统包括水源（水库）、干渠和支渠。山地茶园应利用地势较高的山洼，修建小水库，匀流灌溉；丘陵地区茶园应选择水源方便、地势较高的地方，设置扬水站，抽水灌溉。茶园中可修建蓄水池，每1.5～2.0 hm²应设置一个5～10 m³的蓄水池，并与茶园内的水沟相连。

（三）道路设置

茶园与四周荒山陡坡、林地和农田交界应置隔离沟、带，主要道路、沟渠两边种植行道树，梯壁坎边宜种草，梯地茶园在每台梯地的内侧开一条横沟。茶园道路必须按需设置，防止过多地占用好地面积和割裂地块。茶园道路系统由干道、支道、步道和环园道组成。

干道：对内联结场部、加工厂和作业区，对外与公路相接，其宽度为6～8 m；面积较小的茶场，可不设干道。

支道：园内用于运输、耕作、采摘等机具运行的道路，其设置一般与茶行平行并与干道相接，宽度为 4 ～ 5 m。

步道：从支道能通向茶园地块的道路，一般与步道垂直或成一定交角，宽度为 1.5 m；两步道之间的距离，以 50 m 左右为宜。

环园道：用来与农田分界的线路，设在每片茶园的边缘，宽度为 1.5 m。

（四）防护林设置

茶园周围、干道两旁和支道一旁、房前屋后、两山相接的避风口和不宜种茶的山顶及低洼地，都应种上树木。这样可以美化环境，涵养水源，提高空气中的相对湿度和改善光质，调节寒冬和夏季气温，降低风速，避免和减轻茶树的冻害和旱害，还可以增加茶场的经济收入。防护林的树种，可选择适应当地的自然条件、与茶树无共同病虫害的绿乔木为主，如松、杉、桂花、女贞等。

三、茶园开垦、种植

（一）茶园开垦

茶园开垦应注意水土保持，根据不同坡度和地形，选择适宜的时期和方法。坡度 25° 以下的缓坡地等高开垦；坡度 25° 以上的坡地，宜开成水平梯级茶园，梯面宽度最小 1.5 m，种植两行茶树 3.0 m 左右，梯面外高内低，并设有内沟，与外沟相通。

1. 初垦

初垦一般在夏秋季节进行，深度 60 cm 以上。首先清理地面杂草、树木、乱石、土堆等，适度保留一些大树、名贵树和有观赏价值、经济收益大的树种，然后进行初垦，同时除尽杂草、树根、宿根等。

2. 复垦

复垦在初垦一个月后进行，深度 30 cm 以上，并进一步清除土中杂物，适当破碎土块，平整地面。

（二）茶树种植

1. 划种植行

平地茶园和非梯面缓坡茶园按种植密度进行划种植行，种植方式以单行条栽或双行条栽为宜。单行条栽规格：行距 140 ～ 150 cm，穴距 30 ～ 35 cm，每穴定植 2 株，每 667 m² 种植 2 500 ～ 3 000 株；双行条栽规格：行距 150 cm× 小行距 35 cm× 穴距 33 cm，每穴定植 1 株（双行单株）或 2 株（双行双株），每 667 m² 种植 3 500 ～ 5 500 株。

山地梯田茶园梯面宽 1.5 m 的梯层茶园种 1 行，距梯埂外沿 80 ～ 90 cm 平行划种植行。梯面宽 2.7 m 以上的梯层应按行距 1.2 ～ 1.5 m 规划种植。按照梯田茶园走势划种植行，每 667 m² 种植 2 800 ～ 4 800 株，株距 35 cm，行距 120 ～ 150 cm，穴种 2 株。

2. 开种植沟与施基肥

种植前应施足基肥，深 30 ～ 40 cm。一般每 667 m² 施农家肥 1 500 ～ 2 500 kg，或饼肥 200 ～ 300 kg，茶树专用复合肥或磷肥 50 ～ 100 kg，施入后与土拌匀并及时覆土。

3. 定植

在茶苗休眠期定植，一般在晚秋 10 月下旬至翌年早春 3 月上旬茶芽萌发前，以雨后或阴天最好。

茶苗的根颈部入土深 2 ～ 3 cm，茶根要求自然伸展。栽后覆土，适度压实茶苗根颈附近的土壤，盖一层松土，再浇安蔸水 4 ～ 5 kg，待水全部下泄后培好土，搞好第一次定型修剪，高度距地面根颈 12 ～ 15 cm，最高不超过 15 cm，后宜铺草等进行覆盖（图 4-3、图 4-4）。

图 4-3　双行单株定植（平地）茶园（21-3，1 年生）

图 4-4　单行单株定植（高山）茶园（21-3，1 年生）

第三节　茶园管理

为保证江华苦茶茶园的高产、高效益，同时也为了凸显以江华苦茶鲜叶为原料制作产品的优质和特色，应做好如下管理工作。

一、苗期管理

由于江华苦茶群体及其群体中选育出的单株良种耐旱能力较弱，茶苗移栽后，若连续晴天，需再浇一次水，以防止茶苗失水。茶苗经过移栽，其根系受到很大程度损害，在较长时间内吸收能力较差，可在早春用 0.5% ～ 1.0% 尿素进行 1 ～ 2 次根外追肥，促进茶苗早发芽、早生长，并注意防旱、防渍和防治病虫害。

二、茶园施肥

1. 幼龄茶园施肥

江华苦茶幼龄茶园施肥方法在生产季节每一、二个月施 1 次速效肥；1 ～ 2 年生茶树兑水浇施；农家肥应充分腐熟后开深 10 ～ 20 cm 的浅穴施或沟施，施后盖土保肥，施肥量如表 4-1 所示。

表 4-1　江华苦茶幼龄茶园施肥量（kg/hm²）

树龄（龄期）	单行条栽	双行条栽
1 ～ 2	30 ～ 45	45 ～ 75
3 ～ 4	45 ～ 90	75 ～ 120
5 ～ 6	90 ～ 135	120 ～ 180

注：氮磷钾年用量按 3：1：1 或 3：1：1.5 确定。

2. 成龄茶园施肥

江华苦茶成龄茶园施肥分追肥和基肥两种。追肥可结合茶树生育规律进行 1 ～ 3 次，分别于春茶前 15 ～ 30 d、5 月上旬、7 月中下旬施入，沟深 10 cm 以上；追肥以速效氮肥为主，3 次追肥比例为 4：3：3。基肥每年或隔年施 1 次，基肥以有机肥为主，于秋茶结束后尽快施入，基肥用量略少于种植前底肥用量，一般每 667 m² 施饼肥或有机肥 200～400 kg 或农家肥 1 000～2 000 kg，开沟深 25～30 cm，宽 20～30 cm，施后覆土平沟。

成龄茶园施肥量采用以产定肥的方式，一般每采摘 100 kg 鲜叶施入氮肥 4～5 kg、过磷酸钙或钙镁磷肥 7～8 kg、磷酸钙 2.0～2.5 kg。同时应根据土壤理化性质、土壤肥力状况、茶树长势、预计产量、制茶类型和气候等条件，确定合理的肥料种类、数量及施肥时间，实施茶园平衡施肥，防止茶园缺肥和过量施肥。

宜多施有机肥料、茶叶专用肥，化学肥料与有机肥料应配合使用，避免单纯使用化学肥料和矿物源肥料。农家肥等有机肥料施用前应经无害化处理，有机肥料应符合 NY/T 227 等的规定要求。茶树出现营养元素缺乏时可以使用叶面肥，施用的商品叶面肥应经农业部门登记许可，并符合相关规定要求。叶面肥施用应与土壤施肥相结合，采摘前 10 d 停止使用。

茶园宜使用的肥料如表 4-2 所示，具体施肥量与施肥方法应符合《绿色食品　肥料使用准则》（NY/T 394—2013）等的规定要求。

表 4-2　茶园宜使用的肥料

分类	名称	简介
农家肥料	堆肥	以各类秸秆、落叶、人畜粪便堆制而成
	沤肥	堆肥的原料在淹水条件下进行发酵而成
	家畜粪尿	猪、羊、马、鸡、鸭等畜禽的排泄物
	厩肥	猪、羊、马、鸡、鸭等畜禽的粪尿与秸秆垫料堆成
	绿肥	栽培或野生的绿色植物体
	沼气肥	沼气池中的液体或残渣
	秸秆	作物秸秆
	泥肥	未经污染的河泥、塘泥、沟泥等
	饼肥	茶籽饼、棉籽饼、芝麻饼、花生饼等
商品肥料	商品有机肥	以动植物残体、排泄物等为原料加工而成
	腐殖酸类肥料	泥炭、褐炭、风化煤等含腐殖酸类物质的肥料

分 类	名 称	简 介
	微生物肥料	
	根瘤菌肥料	能在豆科作物上形成根瘤菌的肥料
	固氮菌肥料	含有自生固氮菌、联合固氮菌的肥料
	磷细菌肥料	含有磷细菌、解磷真菌、菌根菌剂的肥料
	硅酸盐细菌肥料	含有硅酸盐细菌、其他解钾微生物制剂
	复合微生物肥料	含有两种以上有益微生物，它们之间互不拮抗的微生物制剂
	有机无机复合肥	有机肥、化学肥料或（和）矿物源肥料复合而成的肥料
	化学和矿物源肥料	
商品肥料	磷肥	磷矿粉、过磷酸钙、钙镁磷肥
	钾肥	硫酸钾
	钙肥	熟石灰、过磷酸钙
	硫肥	硫酸钾、石膏、硫黄、过磷酸钙
	镁肥	硫酸镁、白云石、钙镁磷肥
	微量元素肥料	含有铜、铁、锰、锌、硼、钼等微量元素肥料
	复合肥	二元、三元复合肥
	叶面肥料	含各种营养成分、喷施于植物叶片的肥料
	茶树专用肥	根据茶树营养特性和茶园土壤理化性质配制的茶树专用肥

三、茶园耕作

江华苦茶茶园土壤管理包括耕锄、间作和覆盖，采取合理耕作、多施有机肥等措施改良土壤结构。

1. 耕锄

分浅耕除草和深耕。视茶园杂草生长情况，每年进行 3～4 次浅耕除草，深度为5～10 cm；在秋季茶园封园时期，每年或隔年进行一次15～20 cm深耕。茶园需要施基肥的年度，可结合深耕进行，深耕改成开沟进行，如果是施用农家肥，则要求沟深60 cm、宽40 cm。

2. 间作和覆盖

幼龄茶园前两年及台刈改造的茶园，优先间作豆科绿肥，培肥土壤和防止水土流失。可在行中央间作一些茶园推荐的绿肥，如蚕豆、黄豆、绿豆等豆科类，萝卜、油菜等十字花科作物。近年来，湖南省茶叶研究所选育的茶园"绿肥1号"，也是一种很好的茶园间作绿肥。干旱季节来临前与茶园秋季封园后，行间可用山青和作物秸秆等进行覆盖，用量为15 t/hm²，作物秸秆等应未受有害或有毒等物质污染。对土壤深厚、松软、肥沃，树冠覆盖度大，病虫草害少的茶园，可实施免（少）耕。

四、水分管理

茶园水分管理应注意排水、蓄水和灌溉等。每年分别在雨季过后和冬季清理水沟、沉沙，保持排水畅通；利用排水系统，在雨季注意给水池蓄水，供旱季使用。幼龄茶园在夏季干旱持续5～7 d时，应该进行灌溉；产量较高的茶园，夏秋季干旱时也应及时进行灌溉，以喷灌最佳。同时，改善耕锄、覆盖、造林等工作，增加茶园土壤涵养水分的能力。茶园灌溉用水应符合《农田灌溉水质标准》的规定要求。

五、茶树修剪

江华苦茶茶树修剪包括定型修剪、整形修剪和更新修剪3种，应分别根据茶树的树龄、长势和修剪目的分别采用相应的修剪方式。

1. 定型修剪

主要针对幼龄茶园。第一次定型修剪：茶树长至树高25～30 cm、主茎基部粗0.3 cm时，离地面12～15 cm处将主茎剪断，侧枝不剪（结合茶树移栽时进行）。第二次定型修剪：在第一次定型修剪后一年进行，树高达到35～40 cm，用整枝剪在离地面25～30 cm处修剪。第三次定型修剪：在第二次定型修剪后一年进行，剪口比第二次定型修剪提高10～15 cm，用水平剪剪平冠面。修剪时间：一般在茶树春季萌发前修剪。

2. 整形修剪

主要针对投产的成龄茶园。轻修剪（浅修剪）：一年一次，在寒冻不严重的江华苦茶最适宜生态种植区，可选择秋茶停采封园的 10 月中下旬进行；在寒冻稍严重的江华苦茶适宜生态种植区，可选择翌年春茶萌发的 2 月中下旬修剪，即开采前 10 d 左右；部分有冻害的，要结合冻害部分进行修剪；修剪程度 3 ～ 5 cm。深修剪：每 3 ～ 4 年进行一次，剪去冠面绿叶层 15 ～ 20 cm，即剪去全部的"鸡爪枝"层，修剪时间一般以当年春茶采完后的 5 月份进行。

3. 更新修剪

主要针对衰老茶园。重修剪：茶树 1 ～ 2 级骨干枝尚完好的茶园采用重修剪，离地面 30 ～ 35 cm 处剪去树冠的中上部分；修剪时间有春茶前的 2 月下旬或 3 月上旬，以及春茶结束后的 4 月下旬或 5 月上旬；为减少对当年产量的影响，建议春茶后进行修剪，而后按照定型修剪的第三次定型修剪，进入投产茶园。台刈：一般在早春离地面 5 ～ 10 cm 处剪除所有树冠，在第二、三年早春分别按照定型修剪进行第二、三次的定型修剪，第四年早春进行轻修剪，进入投产茶园。

六、病虫害防治

目前在湖南茶区，危害江华苦茶茶树的主要病虫害种类有以下几类：一是吸汁害虫，如假眼小绿叶蝉、茶蚧壳虫、茶黑刺粉虱和茶螨等；二是咬食芽叶害虫，如茶尺蠖、茶毛虫、茶蓑蛾、茶丽纹象甲和茶刺蛾类等；三是钻蛀性害虫，如茶枝镰蛾、茶枝木蠹蛾和茶天牛等；四是叶部病害，如茶白星病、茶云纹叶枯病、茶圆赤星病、茶藻斑病和茶网饼病等。茶园病虫害防治遵循"预防为主，综合治理"方针，从茶园整个生态系统出发，综合运用各种防治措施，创造不利于病虫害等有害生物滋生和有利于各类天敌繁衍的环境条件，保持茶园生态系统的平衡和生物多样性，将有害生物控制在允许的经济阈值以下，将农药残留降低到规定标准的范围。防治措施主要有农业防治、物理防治、生物防治及化学防治等。

1. 农业防治

发展新茶园或改植换种时，应选择对当地主要病虫抗性较强的茶树品种。采取分期、分批、多次采摘方式，采除危害芽叶的病虫，抑制其种群发展；通过修剪，剪去分布在茶丛上部的病虫。秋末进行茶园深耕，增施基肥，以减少茶树病原菌和土壤中越冬害虫的数量。将茶树根际落叶及表土等清理至行间深埋，防治叶病和在表土中越冬的害虫。

2. 物理防治

在病虫害不是很严重时，采用人工捕杀及利用灯光诱杀、色板诱杀、性诱杀或糖醋诱杀等方式防治。

3. 生物防治

保护和利用当地茶园中的草岭、瓢虫、寄生蜂、蜘蛛、捕食螨和鸟类等有益生物，减少人为因素对天敌的伤害。

适当地使用生物源农药、植物源农药和矿物源农药防治，所使用的生物源农药、植物源农药和矿物源农药应通过农业部门登记许可及符合相应认证标准的要求。

4. 化学防治

严格按制定的防治指标，掌握防治适期施药。在病虫害严重时，有限度地使用部分低毒、低残留、低水溶解度的农药。所使用的农药应通过农业部门登记许可及符合相应认证标准的要求，严禁使用剧毒、高毒、高残留或具有三致毒性（致癌、致畸、致突变）的农药。每种化学农药每年在茶树上只允许使用一次，不得使用转基因品种（产品）及制剂。另外，还应建立病虫害测报信息网，及时进行园间调查观测，找出病虫发生规律，并采取相应的防治措施；主要草害的防治，一般采取人工除草方式，不宜使用除草剂。

目前，主要危害湖南茶区江华苦茶茶树的主要病虫害及其防治如表4-3和表4-4所示。

江华苦茶

JIANGHUA KUCHA

62

表4-3 主要危害湖南茶区江华苦茶茶树的主要虫害及其防治

主要虫害	危害特点	防治适期	推荐使用药剂
茶尺蠖	以幼虫咀食嫩梢芽叶危害。严重时，叶片、嫩茎全被吃光，严重影响茶叶产量，并导致树势衰弱	一般6～8月下旬发生严重，每平方米幼虫数＞7头时即应防治	可用：结合冬施基肥深埋虫卵；采用灯光诱杀成虫；1～2龄幼虫期喷施茶尺蠖病毒制剂；喷施Bt制剂、苦参碱、联苯菊酯或植物源农药苦参碱、除虫菊素

主要虫害	危害特点	防治适期	推荐使用药剂
茶毛虫	以幼虫咬食叶片，造成叶片缺刻、秃枝。1～2龄幼虫聚集在叶背取食叶肉，仅留表皮和叶脉，被害叶片呈透明枯膜状；3龄后食量大增，开始分群迁散危害茶丛上部叶片，取食叶片形成缺刻，危害严重时全被吃光，仅留秃枝	一般5～6月中旬、8～9月，幼虫3龄前施药	可用：人工摘除越冬卵块及群集的虫叶，集中销毁；结合清园，中耕消灭虫蛹；采取灯光诱杀。幼虫期喷施茶毛虫病毒制剂。喷施Bt制剂或喷施茚虫威、苦参碱
假眼小绿叶蝉	以若虫、成虫刺吸茶树嫩梢芽叶汁液危害，致使叶芽黄化失绿，叶脉变红，叶质粗老；严重时，叶尖和叶缘红褐焦枯，芽叶萎缩、生长停滞，甚至全部焦枯，状如火烧；受害叶制成干茶，碎末增多，滋味苦涩，茶产量与品质受到严重影响	5～6月、8～9月为盛发期，第一峰百叶虫量超过6头或每平方米虫量超过15头，第二峰百叶虫量超过12头或每平方米虫量超过27头，应及时施药	可用：分批多次采茶，发生严重时可机采或修剪；湿度大的天气，喷施白僵菌制剂；秋末采用石硫合剂封园；喷施除虫菊素、联苯菊酯、茚虫威、虫螨腈
茶刺蛾	幼虫栖居叶背取食，幼龄幼虫取食下表皮和叶肉，留下枯黄半透膜，中龄以后咬食叶片成缺刻，常从叶尖向叶基锯食，留下平宜如刀切的半截叶片，成虫日间栖于茶丛内叶背，夜晚活动，有趋光性	每平方米幼虫数幼龄茶园10头、成龄茶园15头时，应及时施药	可用：结合冬施基肥深埋虫卵；采用灯光诱杀成虫；1～2龄幼虫期喷施茶尺蠖病毒制剂；喷施Bt制剂、苦参碱、联苯菊酯或植物源农药苦参碱、除虫菊素
茶丽纹象甲	主要危害茶叶，尚可危害油茶、柑橘等。成虫嚼食茶树嫩叶边缘成不规则缺刻，大发生时，整个茶园被咬食得残缺不齐，严重影响产量和树势。被害茶叶制成干茶汤色浑暗，叶底破碎	5～6月下旬，成虫出土盛末期，成龄投产茶园每平方米虫量在15头以上应及时防治	可用：结合茶园中耕和冬耕施基肥，消灭虫蛹；利用成虫假死性人工振落捕杀；幼虫期土施白僵菌制剂或成虫期喷施白僵菌制剂；喷施联苯菊酯、虫螨腈

主要虫害	危害特点	防治适期	推荐使用药剂
茶橙瘿螨	以成螨、若螨刺吸嫩叶或成叶汁液，致叶背产生红褐色锈斑或叶脉变黄，芽叶萎缩，严重的枝叶干枯，呈现铜红色，似火烧状	一般为5月中旬至6月上旬、8～9月，发生高峰期以前，每平方厘米叶面积有虫3～4头，或指数值6～8时，即应施药	可用：勤采春茶；发生严重时，可喷施矿物油、虫螨腈
黑刺粉虱	主要以幼虫在叶背吸取茶树汁液，并排泄蜜露，招致煤菌寄生，诱发煤病，严重时茶树一片漆黑。受害茶树光合效率降低，发芽密度下降，发芽迟，芽叶瘦弱，茶树落叶严重，不仅影响茶叶产量和品质，而且严重影响茶树树势	卵孵化盛末期，小叶种2～3头/叶、大叶种4～7头/叶时应及时防治	可用：及时疏枝清园、中耕除草；采用色板诱集（成虫）；湿度大的天气喷施粉虱真菌制剂；喷施石硫合剂封园；喷施矿物油、联苯菊酯
茶蚜	以雌成虫或若虫吸食茶树汁液，致使芽叶瘦小，叶片稀少，严重时茶树枯死	发生高峰期，一般为5月上中旬、9月下旬至10月中旬。有蚜芽梢率4%～5%，芽下二叶有蚜叶上平均虫口20头时应及时防治	可用：可喷施矿物油、苦参碱、茚虫威、虫螨腈

注：各种农药使用时请遵循各农药规定的使用安全间隔期。

表 4-4　主要危害湖南茶区江华苦茶茶树的主要病害及其防治

主要病害	危害特点	防治适期	推荐使用药剂
茶白星病	在嫩叶上产生圆形小病斑，中央凹陷，初为红褐色，边缘紫褐色，后期呈灰色并散生细小的黑粒点。病斑直径 0.5 ～ 2.0 mm。病斑多时可互相愈合为较大病斑，并使叶片扭曲呈畸形。叶柄和嫩茎上病斑呈暗褐色，后变灰白色，病斑多时可使叶片脱落，嫩梢枯死	春茶期，气温在 16 ～ 24℃，相对湿度80%以上，或叶发病率 > 6%	加强茶园肥培管理，增施磷钾肥，增强树势，提高茶树抗病力；秋季结合深耕施肥，将根际枯枝落叶深埋土中，减少翌年发病来源；喷施多抗霉素；非采摘期用石灰半量式波尔多液防治
茶饼病	主要危害茶树幼嫩组织，初期在叶面产生淡黄色、淡绿色或淡红色半透明小点，病斑逐渐扩大，形成表面光滑、有光泽度、向下凹陷的圆形病斑，背面同时隆起成饼状	春、秋季发病期，5 天中有 3 天上午日照 < 3 h，或降水量 > 2.5 ～ 5.0 mm，芽梢发病率 > 35%	勤除杂草，茶园间适当修剪，促进通风透光，可减轻发病；增施磷钾肥，提高抗病力，冬季或早春结合茶园管理摘除病叶，可有效减少病菌基数；喷施多抗霉素；喷施波尔多液
茶炭疽病	危害当年成叶，严重时导致茶树大量落叶，树势衰弱，产量降低。病斑多从叶尖、叶缘开始，最初产生水渍状黄黑色小点，后逐渐扩大成不规则大斑，可达半片叶面，病斑颜色由褐色变为焦黄色，后期可变为灰白色，上生许多小黑点，湿度大时小黑点转成朱红色小点，病部质脆易破裂，病叶早落	以春 5 ～ 6 月、秋 9 ～ 10 月两季发病为盛	加强茶园管理，适当增施磷钾肥，勤除杂草，促使茶树健壮生长，提高茶树抗病能力；及时清理病叶，防止病菌传播；在发病初期喷施甲基托布津；非采摘期用石灰半量式波尔多液防治

注：各种农药使用时请遵循各农药规定的使用安全间隔期。

七、茶园生态建设与维护

在茶区和茶园四周不适宜于种茶的空地应植树造林，在茶园的上风口应营造防护林，在基地主要道路及沟渠两旁种植与茶树相适宜的行道树，同时可考虑间作其他经济作物。树种以深根、树冠宽大、不与茶树争夺水肥、病虫害少、枝叶疏密适中、冬天落叶的果树、观赏树、风景树、经济树种、豆科乔木树为宜。低海拔、集中连片的茶园，应因地制宜种植遮阴树。一般按 8 ～ 10 行茶树规划种植一行遮阴树，株距宜根据所选择树种枝叶疏密、树冠宽窄而定，成年后遮光度控制在 20% ～ 30%。

对缺丛断行严重、密度较低的茶园，应通过补植、合理修剪、采摘、肥培等措施提高茶园覆盖率；对坡度较大、水土流失较严重的茶园，应退耕还林或还草。提倡茶园进行秸秆覆盖及间作，禁止焚烧作物秸秆。同时，应注重茶园及周围的生物多样性，加强对病虫草害天敌等生物及其栖息地的保护。

八、质量安全管理

茶园种植过程中必须加强茶园质量安全管理，应抓住以下关键控制点：①产地环境应符合国家相关标准规定的要求，茶园与常规地块的排灌系统应有有效隔离措施，以保证常规农田的水不会渗透或漫入茶园。②在使用保护性的建筑覆盖物、塑料薄膜、防虫网时，可选择聚乙烯、聚丙烯或聚碳酸酯类产品；使用后应从土壤中清除或回收再利用，禁止在园区及周边就地焚烧，建议尽可能使用可降解膜。③建立栽培管理档案。一是生产操作记载档案，生产过程中的各项农事操作应逐项如实记载；二是投入品使用档案，对农药、化肥等投入品的使用，应做好简明记载；三是物候期记载档案，对茶叶全生育期的各个物候期应详细记载。

江华苦茶群体和高山茶园如图 4-5 至图 4-7 所示。

图 4-5 群体种茶园

图 4-6 群体种芽叶

图 4-7 高山茶园

第五章
江华苦茶加工

江华苦茶为茶树种质资源由原始乔木型向灌木型进化的过渡类型，属小乔木型大叶类，表现出水浸出物、茶多酚和儿茶素含量较高。据报道，苦茶种含有一种特殊的物质——丁子香酚甙，使得苦茶具有特殊的苦味。研究表明，江华苦茶群体及目前从江华苦茶资源（群体）中选育出的无性系品种的鲜叶适制红茶、黑茶等茶类，品质优异。以下主要介绍江华苦茶工夫红茶、名优绿茶及瑶茶新产品的加工。

第一节　鲜叶采摘与管理

鲜叶采摘质量的好坏直接影响茶叶产量和品质，提高采摘技术和采摘质量可提升茶叶的产量和质量。江华苦茶的采摘应根据加工茶类与产品品质等要求进行采摘。

一、采摘时期

茶树品种不同、生态环境条件不同，茶树的萌发时间不同，则鲜叶的采摘时期不同；加工茶类及产品的品质要求不同，则鲜叶的采摘期也不同。江华瑶族自治县江华苦茶现有茶园大多为群体或者野生茶树，其萌发期相对较晚，因此采摘时期较晚。此外，气温影响着茶树的萌发，江华苦茶大部分茶园处于江华大山深处，气温较平原地区低，茶树萌发更晚，采摘期也更晚一些，一般在4月上中旬。目前，从江华苦茶群体中选育的21-1和21-3两个优质红茶品种，属中生种，在长沙县高桥镇，21-1发芽期比对照楮叶齐早1 d，而21-3比对照晚3 d（表5-1），开采期一般在4月上旬。

表5-1　江华苦茶品种萌发期

品种（系）	平均萌发期（月／日）		
	鱼叶期	一叶期	三叶期
21-1	3/27	4/4	4/14
21-3	3/31	4/5	4/16
楮叶齐（CK）	3/28	4/2	4/14

二、采摘标准

江华苦茶鲜叶的产地环境应符合国家有关标准规定的要求。鲜叶采摘标准应根据加工的茶类与产品的品质要求而定，一般加工绿茶采摘一芽二叶及以上嫩度的鲜叶为宜，加工红茶宜采摘一芽二三叶及以上嫩度的鲜叶，加工瑶茶产品可采摘一芽三四叶及以上嫩度的鲜叶。一般鲜叶的嫩度越高，加工的产品质量越好。鲜叶质量分级与质量要求如表5-2所示。采摘芽叶要求完整、新鲜、匀净；鲜叶中出现的红变叶应剔除，并单独加工；腐败变质、受污染等的鲜叶，不得用来加工茶叶。

表5-2　江华苦茶鲜叶质量分级参考标准

等级	质量要求
特级	单芽，一芽一叶初展不超过10%，芽头粗壮、匀齐
一级	一芽一叶初展，芽叶匀齐肥壮，一芽一叶在20%以下
二级	一芽一叶，一芽二叶初展在15%以下，芽叶完整、匀齐

等级	质量要求
三级	一芽二叶初展在 20% 以下，芽叶完整、匀齐
四级	一芽二叶，芽叶完整、匀齐
五级	一芽三叶，有部分嫩的对夹叶
六级	一芽三四叶及同等嫩度的对夹叶，一芽三叶不低于 70%

三、采摘方法

（一）手工采摘

江华苦茶鲜叶手工采摘要求采用提手采，即用拇指和食指指端轻轻夹住嫩梢后向上提，嫩枝即在被折处折断，不能用指甲掐茶。提手采有利于保持鲜叶的完整，减少鲜叶的机械损伤。忌采病虫叶及其他非茶类杂物。手工采摘的优点是能按标准、有选择性地采收芽叶，缺点是费工、成本高及难以做到及时采摘；但目前细嫩名优茶的采摘，由于采摘标准要求高，还不能实行机械采茶，仍然是手工采茶。此外，江华苦茶目前大多是野生及群体种茶园，无性良种茶园面积不大，因此大部分茶园只能靠手工采摘（图 5-1、图 5-2）。

加工高档（名优）江华苦茶（绿、红茶等）的鲜叶宜采取手工采摘，采摘

图 5-1　采摘古树茶鲜叶

图 5-2　生产茶园鲜叶手工采摘

要求按标准分批进行。采摘中做到不带鱼叶鳞片、茶花茶果、老枝老叶，不采雨水叶、病虫叶、紫色叶，以及不符合标准的芽叶。

（二）机械采摘

机械采摘适宜于建园与管理水平较高的江华苦茶无性系良种茶园。茶园要求平地或 15° 的缓坡与梯式条植茶园，发芽整齐，行间有 15～20 cm 的操作道。机械采摘取得优质高产的关键是适时采摘。春茶早期应手工采制适量的名优茶鲜叶，当有 70% 左右的新梢达到所需采摘茶鲜叶采摘标准要求时开始机械采摘，夏、秋茶有 50%～60% 新梢符合标准时即进行机械采摘。江华苦茶品种一年可采摘 5～6 次，春茶采摘周期 12～24 d，夏、秋茶 20～30 d。

采茶机械的选型配套参照《机械化采茶技术规程》（NY/T 225）执行。机手根据身高与茶树高、幅度及采摘标准要求，将机器把手调节到最适位置。双人采茶机：主机手后退作业，掌握采茶机剪口高度与前进速度；副机手双手紧握机器把手，侧身作业；其他作业者手持集叶袋，协助机手采摘或装运采摘叶。每行茶树来回各采摘一次，去程采过树冠中心线 5～10 cm，回程再采去剩余部分，两次采摘高度要保持一致，防止树冠中心部分重复采摘。单人采茶机：主机手背负采茶机动力，手握采茶机头，由茶树边缘向中心采摘；副机手手持集叶袋，配合主机手采摘。采口高度根据留养要求掌握，留鱼叶采或在上次采摘面上提高 1～2 cm 采摘。机械采摘作业中，保持采茶机动力中速运转，平稳前进。

机械采摘具有提高工效、增收节支、适时采摘、提高单产、减少用工、提高劳动生产率等优点，主要用于江华苦茶大宗茶及碎茶等级别较低的茶叶采摘。

四、鲜叶管理

鲜叶采摘和运输，必须用清洁、透气良好的篾制竹篮或竹篓进行盛装，不得用布袋、塑料袋等软包装材料，不得沤坏。运输工具必须清洁、卫生，运输时避免日晒、雨淋，并不得与有异味、有毒的物品混装。采摘的鲜叶应及时验收送厂，不能及时运送茶厂的鲜叶，要注意保质保鲜，合理贮存。鲜叶盛装、运输、贮存中，应轻放、轻压、轻翻，以减少机械损伤。鲜叶进厂后，应立即摊放于摊青槽或竹垫、篾盘等摊放设备中；不同品种及不同等级的鲜叶，晴天叶与雨水叶，上、下午采的鲜叶等应分开摊放。鲜叶的运输、摊放的卫生管理应符合国家相关标准规定要求。此外，应制定鲜叶采摘与质量控制管理制度及措施，关键工序应有操作技术要求，并记录执行情况，同时应建立鲜叶采摘、运输、贮存等的完整档案记录。

（一）鲜叶运输管理

江华苦茶大多分散种植，以高山茶园较多，茶园与加工厂房一般距离较远；且茶农一般都是清晨上山采摘，下午才能交付加工厂，或者加工厂上门收购。江华苦茶茶树具有乔木型大叶类茶种的特性，稍有不慎，易造成鲜叶损伤，必须及时快装快运进厂摊放，避免堆积发热，减少有机物分解与多酚类物质氧化。装运鲜叶除器具要求通透性好的竹编网眼篓筐及忌紧压外，为适应较长距离和时间的运输，应充分利用现代技术条件延长鲜叶保鲜时间。目前江华茶企和茶农大都采用传统运输方法，低温冷藏贮运较少使用。

1. 传统运输方法

传统运输方法是制茶先人从生产实践中逐渐摸索总结出来的经验，遵守"轻采，轻放，勤收，勤送"的原则，运输时采用竹制网眼篓筐等装盛，通气、透风、轻便，盛装时严禁挤压。同时，进厂后立即将鲜叶抖散摊放，防止叶温升高。

2. 低温冷藏贮运

低温冷藏贮运是在5℃或低于20℃的适宜环境下对茶树鲜叶进行贮运的方法。研究表明，茶鲜叶在5℃的低温条件下贮放3 d仍可保持新鲜，氮代谢变化不明显，劣变速度减缓。现如今部分茶树鲜叶商贩利用冷藏车将高山上的优质鲜叶运至更远、机械技术条件更好的厂区，扩大了优质鲜叶供应的辐射范围；也有部分茶厂增设调温冷藏贮放车间，用于处理来不及加工的鲜叶，以缓解生产高峰压力。

（二）鲜叶贮存管理

茶树鲜叶从树上采摘下后，在采摘、运输、贮放过程中很容易受到某些不良因素的作用而引起劣变，影响鲜叶的质量。因此，验收进厂的鲜叶，应严格按品种、产地、采摘时间、茶树长势和鲜叶级别等分别贮存。

1. 地面摊放贮存

目前，江华广大农户和小型茶厂、加工厂多使用这种方式进行鲜叶的摊放和贮存。摊放场地要求清洁、阴凉、透气，避免阳光直射，将鲜叶抖散均匀薄摊在竹制的篾垫或篾盘上。一般情况下，大宗茶鲜叶摊放厚度 15 ～ 20 cm，不超过 30 cm；名优茶鲜叶摊放厚度 2 ～ 3 cm。这种方式的优点是设备投资低，但其缺点是所需厂房面积大。

2. 帘架式摊放贮存

帘架式摊放贮存设备的主要结构可分为框架和摊叶网盘两部分。既可用木料加工，也可用不锈钢金属材料制成。框架用于放置摊叶网盘，一般可放 5 ～ 8 层网盘，每层高度 30 ～ 40 cm。网盘边框一般用木料制成，底部为不锈钢丝网，深度约为 15 cm，鲜叶摊于盘内。网盘可人工像抽屉一样从框架上自由推进和拉出，以便于放置鲜叶和取出鲜叶。由于使用这种贮存设备后，贮存间湿度和温度容易升高，因此可在贮存间内安装空调或通风、除湿设备，以保证贮放的鲜叶质量。这种贮存设备结构简单，投资省，易于操作，约可比地面摊放节约70% 的厂房面积，且可避免鲜叶与地面接触，清洁卫生（图 5-3 ）。

图 5-3　帘架式摊放贮存设备

3. 摊青槽摊放贮存

目前很多茶企采取摊青槽摊放方式，其基本结构是在地面上开出一条长槽，两边留出放置孔板的缺口（图5-4）。槽前端装置低压轴流风机，槽底从前至后做出约5°逐步升高的坡度。槽面铺钢质孔板，孔板长2 m、宽1 m，一般用4～5块板连成一条槽，板上的通孔孔径大多为3 cm，钢质孔板的开孔面积率为30%以上。生产中槽面也有使用钢丝网或竹编网片结构的，但应注意支撑，以保证对鲜叶的承重，且避免操作人员等踩踏网板。摊青槽的摊叶厚度较地面摊放厚。为保证摊青时的散热，可用风机交替鼓风20 min、停机40 min，夜间或气温较低时停机时间可适当加长，白天或气温较高时停机时间可缩短一些。

图5-4 摊青槽摊放贮存

4. 车式设备摊放贮存

车式摊青设备是由鼓风机与摊青小车组成，一台风机可串联几辆小车。小车一般长1.8 m、宽和高各1 m。小车的下部装有一块钢孔板，板下为风室，板上为摊青室。风室前后装有风管，风管可与风机或其他小车风管相串联，管上装有风门。工作时风机吹出的冷风，通过风管、风室，穿过孔板并透过叶层，吹散水气，降低叶温，达到摊青的目的。付制时，拖下一辆小车，推至作业机械边，即可进行加工。这种摊青设备机动灵活，使用较方便，适用于江华苦茶名优茶的加工。

5. 自动化贮青机

该设备为自动控制连续化作业式鲜叶贮青设备，有小型、中型和大型三种规格。采摘后的鲜叶按一定数量输入贮青机，通过连续或间歇式通风等措施，延长贮青时间，确保鲜叶品质要求。这种贮青方式省工省时，生产效率大幅提升。

第二节　苦茶加工

江华苦茶属小乔木型大叶类，该资源（品种）表现出水浸出物、茶多酚和儿茶素含量较高，适制红茶、黑茶、瑶茶等茶类，所制红茶甜香浓郁、滋味浓醇富收敛性。其中采用江华苦茶鲜叶加工的红碎茶可达国家红碎茶二套样水平，其品质特色可与云南大叶种和阿萨姆种相媲美。茶叶品质的好坏，除与鲜叶的质量有关外，决定于适宜的加工工艺。为充分发挥江华苦茶资源（品种）的特性，采取好的、相应的加工技术，对于提升江华苦茶品质具有重要作用。

一、江华苦茶红茶加工

（一）鲜叶要求

红茶是江华苦茶最适加工的茶类之一，根据当前市场需求情况，江华苦茶红茶目前以加工优质工夫红茶为主。鲜叶要求细嫩、匀净、新鲜，采摘标准为一芽二三叶及以上嫩度的芽叶。鲜叶黄绿色为好，紫色叶加工的红茶滋味稍差。

鲜叶以春茶最优，可根据自身需要采取春茶前期加工名优绿茶，中、后期加工优质红茶；夏、秋茶亦可采摘嫩度高的鲜叶加工好的红茶。采摘的鲜叶进厂后，应严格按照鲜叶标准要求验收，分别摊放和加工。

（二）加工技术

江华苦茶工夫红茶的加工工艺与其他工夫红茶的加工工艺基本相同，主要分为：萎凋、揉捻、发酵和干燥。

1. 萎凋

萎凋是鲜叶加工的基础工序，是在一定条件下，鲜叶正常而均匀地失水，细胞液浓缩，细胞张力减小，酶的活性增强，引起内含物质发生一定程度的化学变化，为发酵创造化学条件，并使青草气散失。同时，叶质变软，便于揉卷成条，为揉捻创造了物理条件。

萎凋方式目前主要采取自然萎凋和加温萎凋，自然萎凋包括室内自然萎凋和日光萎凋，加温萎凋多采取萎凋槽加温萎凋。萎凋槽萎凋结构简单、工效高，萎凋质量尚好，是一种实现半机械化生产比较行之有效的方法。

（1）室内自然萎凋。室内自然萎凋指在室内自然条件下进行的萎凋，萎凋室要求通风、清洁卫生、无异味和粉尘，在室内铺竹垫或装置多层萎凋架和帘子。萎凋时，将鲜叶薄摊在竹垫或萎凋帘上，摊叶厚度 2 cm 左右，嫩叶薄摊；中途轻翻 2 ～ 3 次，尽量避免损伤芽叶。室内温度宜控制在 20 ～ 28 ℃，相对湿度 70% 左右，萎凋时间一般控制在 18 h 以内。

室内自然萎凋在正常天气和良好操作下，萎凋质量较好，但受天气的影响很大。春季遇低温阴雨、空气潮湿的天气，可在萎凋室内采取安装使用空调、除湿机等增温除湿措施。采取空调增温方式，空调温度控制在 22 ～ 32 ℃，并注意控制室内各处温度基本一致，萎凋时间一般控制在 8 ～ 16 h。

室内自然萎凋占用厂房面积大、萎凋时间长、生产效率较低，已不能适应大规模生产的需要。

（2）萎凋槽萎凋。萎凋槽由热气发生炉、鼓风机、槽体三部分组成，如图 5-5 所示。除鼓风机外，其余均可土法生产，具有造价低廉、操作方便、节省劳力、提高工效、降低制茶成本等优点，可克服自然萎凋因气温低萎凋质量差等问题。如使用掌握好，萎凋质量可与适宜条件下的自然萎凋媲美。其原理是利用鼓风机将发生炉的热空气吹入槽体穿过叶层，使槽面上的鲜叶受热，吹散叶表面水分，并促进叶内水分蒸发，达到叶子变软、青气散失的目的。

萎凋槽萎凋技术主要掌握好摊叶厚度、鼓风、温度、翻抖、萎凋时间等外部条件。

摊叶厚度：将鲜叶摊于萎凋槽内，厚度不超过 10 cm，做到"嫩叶薄摊，老叶厚摊"，雨水叶及露水叶薄摊。摊叶时要求抖散摊平呈蓬松状态，保持厚薄一致。

鼓风：采取间断鼓风方式，一般鼓风 1 h 停止 0.5 ～ 1 h，风量大小根据叶层厚薄和叶质柔软程度适当调节。

温度：春茶鼓风气流温度控制在 28 ℃ 左右，最高不超过 32 ℃，槽体前后温度均匀一致，采用"先高后低"，前期不超过 32 ℃，随萎凋进展，温度逐渐降低。下叶前 10 ～ 15 min 停止鼓热风，改为鼓冷风。雨水叶和露水叶应先鼓冷风,吹干叶表水分后再加温。

翻抖:为使萎凋均匀和缩短时间,在萎凋过程中,适当进行翻抖鲜叶。一般1~2h翻抖1次。在翻拌时,停止鼓风,使鲜叶上下层翻透抖松,翻抖动作要轻,以免损伤芽叶。

萎凋时间:一般控制在8~16h,雨水叶等适当延长。具体根据鲜叶原料嫩度与加工工艺等要求,灵活掌握。

图5-5 萎凋槽萎凋

(3)日光萎凋。日光萎凋是使鲜叶直接接受日光热力,散失水分。这种方法简便、萎凋速度快,但受天气条件限制,阴雨天不能进行,萎凋程度也难以掌握。在夏、秋季节,尤其是中午前后温度高,萎凋叶易发生焦芽、焦边和叶子泛红等问题。因此,日光萎凋有一定的局限性。但如果天气条件好,且有制茶经验及操作细心,能获得较高的萎凋质量。

具体操作方法:晴天的上午10点前和下午4点后,选择地面平坦、避风向阳及清洁干燥的地方,将鲜叶均匀地薄摊放在篾盘内或晒垫上,摊叶量0.5~1.0 kg/m²,原则是"嫩叶薄摊,老叶厚摊"。中间翻叶1~2次,结合翻叶适当厚摊。当萎凋达一定程度时,移入阴凉处摊放散热并继续室内自然萎凋至适度。日光萎凋在春茶季节,气候较温和,萎凋较易掌推,质量也较好。日光萎凋时间视气温与萎凋程度而定,春茶一般萎凋1~2h、夏秋茶0.5~1.0h。在萎凋过程中,要勤检查,以保证萎凋质量(图5-6、图5-7)。

图5-6 日光萎凋（篾盘）

图5-7 日光萎凋（篾垫）

（4）萎凋程度。萎凋程度与后续工序及制茶品质关系极大。萎凋不足，萎凋叶含水量偏高，生化变化不足，揉捻时芽叶易断碎，芽尖脱落，茶汁大量流失，发酵困难，香味青涩，滋味淡薄，条索不紧，碎片多；萎凋过度，萎凋叶含水量偏少，生化变化过度，揉捻不易成条，发酵困难，香低味淡，汤色红暗，叶底乌暗，干茶多碎片末。

萎凋程度应掌握"嫩叶老萎，老叶嫩萎"的原则，且"宁轻勿重"。当萎凋叶叶面失去光泽，由鲜绿色转为暗绿色，叶质柔软，手捏成团，松手时叶子不易散开，嫩茎梗折而不断，无枯芽、焦边、叶子泛红等现象，青草气减退，有清香，含水率 60% 左右时为适度。季节不同，萎凋程度要求略有不同。春季鲜叶含水率高，掌握适度偏低，萎凋叶含水率一般不超过 60%；夏季鲜叶含水量低，萎凋叶含水率可适度偏高，但一般不超过 62%。

2. 揉捻

揉捻是塑造工夫红茶外形和形成内质的重要工序。一方面使叶片卷紧成条，缩小体形，达到外形美观；另一方面揉碎叶细胞，使茶汁外溢，加快多酚类化合物的酶促氧化，为形成红茶特有的内质奠定基础。同时，揉捻后的茶汁溢聚叶表，干茶乌润有光泽，冲泡时增加茶汤浓度。

优质江华苦茶工夫红茶揉捻根据鲜叶嫩度及鲜叶量的多少，分别选用 40型、55 型等小、中型揉捻机，装叶量以自然装满揉桶为宜，"嫩叶稍多，老叶偏少"；揉捻时间 70 ~ 90 min，视鲜叶嫩度和揉捻程度而定，"嫩叶短时，老叶长时"。揉捻加压应掌握轻、重、轻的原则，"嫩叶轻压，老叶重压"及"轻萎凋叶轻压，重萎凋叶重压"。采取一次性揉捻，不加压揉捻 10 ~ 15 min，轻压揉捻 15 ~ 20 min，中压揉捻 20 ~ 25 min，重压揉捻 15 ~ 20 min，最后松压揉捻 10 ~ 15 min。加压和松压要逐渐加重或减轻。

揉捻室要求室温保持在温度 20 ~ 24℃，湿度 85% ~ 90%，较为理想。在夏秋季节，高温低湿的情况下，需采用洒水、喷雾等措施，以便降低室温，提高湿度。同时，揉捻室需保持清洁卫生。

揉捻叶紧卷成条，成条率达 80% 以上，茶汁充分外溢，黏附于茶条表面，局部揉捻叶泛红，并发出浓烈的青草气味，叶片细胞组织破损率达 80% 以上，用手紧握，茶汁溢而不滴为适度。揉捻不足，条索较松，发酵困难，成茶滋味淡薄，茶汤不浓，叶底花青；揉捻过度，茶叶条索断碎，茶汤色暗，滋味淡薄，香气低，叶底红暗。揉捻完成后，应及时解散团块，一般采用手工解块，也可采用解块机解块（图 5-8）。

3. 发酵

发酵俗称"发汗"，也称"渥红"，指在适宜环境条件下将揉捻叶以一定厚度摊放于特定的发酵盘中，茶坯中的化学成分在有氧的情况下继续氧化变色的过程。揉捻叶经过发酵，从而形成红叶红汤的品质特点。红茶的发酵在揉捻过程就已开始，但揉捻结束时，发酵尚未完成，须经过发酵工序。

图 5-8 江华苦茶红茶加工试验（解块）

（1）发酵方式。发酵方式主要采取发酵室发酵（图 5-9）和发酵机控温控湿发酵（图 5-10）等，其中发酵室发酵在一些小的茶厂应用较广，目前发酵机发酵推广应用较快。发酵室发酵：发酵室内设发酵架，每架设 8～10 层，每层间隔 25 cm，内置一移动的发酵盘，发酵盘高 12～15 cm。将揉捻好的茶叶摊成厚 8～10 cm，然后盖一层湿发酵布，室内温度保持在 24～28℃，最高不超过 30℃，相对湿度 90% 以上，发酵时间以春茶 4～6 h、夏茶 3～5 h 为宜。发酵机发酵：发酵机主要有箱体发酵机、筒式发酵机和自动链板式发酵机等，目前江华苦茶红茶的加工以采用箱体发酵机发酵为主。

图 5-9　发酵室发酵

图 5-10　发酵机发酵

箱体发酵机：类似旋转式提香机，外形尺寸（长×宽×高）为1 180 mm×1 080 mm×2 080 mm，箱体外设有温度、湿度和时间控制器，箱体内设有增湿器、加温器、温度和湿度传感器。工作时，茶叶装入发酵盘，放在支架上，开启温度、湿度及时间控制，支架自动旋转保证发酵均匀一致，每次茶量约150 kg。该设备结构简单，容易操作，占地面积小，容易清洗，清洁卫生。

筒式发酵机：筒体类似瓶炒机的样式，筒径约1 m，长4～6 m，筒口呈锥形，转速约1 r/min，筒内通入高湿空气。工作时茶叶由一端送入，在筒内导板推送下由出口端排出。该设备结构简单，占地比连续式发酵机小，清洁卫生。

采用发酵机发酵，发酵均匀，发酵叶的鲜爽度好、收敛性强。但应注意在每批叶发酵结束后要对机器进行全面清洗，做到机器任何部位都没有残留发酵叶，以免影响下一批发酵叶的品质。

发酵还应注意以下技术要求：

① 发酵室。大小要合适，门窗要适当设置，便于通风，避免阳光直射。最好是水泥地面，四周开沟以便于冲洗，室内装置加温增湿的设备。

② 温度。发酵温度包括气温和叶温，其中气温的高低直接影响叶温的高低。发酵叶温以保持在30℃最适，气温则以24～28℃为宜。温度过高（35℃），发酵过快，多酚类化合物氧化过于剧烈，缩合成不溶性的产物较多，叶底乌暗，香味低淡，因此高温季节需采取降温措施，如降低室温、薄摊发酵叶等；反之，温度过低，酶促氧化反应缓慢，发酵时间长，质量差，应加厚发酵叶叶层及提高室内温度等，提高发酵室内温度的方法有火盆生火、安装小型气锅等。

③ 湿度。发酵室要保持高湿状态，以相对湿度达90%以上较好，必要时采取喷雾或洒水等增湿措施。

④ 氧气。发酵中物质氧化需消耗大量氧气，也同时释放二氧化碳，因此发酵室必须保持新鲜空气流通。

⑤ 摊叶厚度。发酵叶摊放厚度根据叶子老嫩、揉捻程度与气温高低等因素而定。摊叶厚度影响通气和叶温，摊叶过厚，通气不良，叶温增高快；摊叶过薄，叶温不易保持。摊叶厚度一般要求"嫩叶薄摊，老叶厚摊"。气温低时厚摊，气温高时薄摊。但无论厚摊或薄摊，要求保持发酵时通气良好。发酵过程中应翻拌一次，以利散热通气。

⑥ 发酵时间。发酵时间与叶子老嫩、整碎、揉捻程度、季节、发酵室温度与湿度等都有密切关系，发酵时间过短或过长都不利于红茶品质。江华苦茶

属乔木型大叶类，制红茶发酵性好，一般春茶 4 ～ 6 h、夏秋茶 3 ～ 5 h，根据温度和发酵程度灵活掌握。

（2）发酵程度。准确掌握发酵程度是制作江华苦茶优质工夫红茶的重要环节。发酵不足，香气不纯，带青气，冲泡后，汤色欠红，泛青色，味青涩，叶底花青；发酵过度，香气低闷，冲泡后，汤色红暗而浑浊，滋味平淡，叶底红暗多乌条。若香气带馊酸则表示发酵过度。

发酵程度按香气：由强烈青草气→青香→兰花香→桂花香→果香→低香→香低（几乎嗅不到香气）；按色泽：青绿色→青黄色→黄色→黄红色→红色→暗红色。从发酵叶的表征变化来判断发酵程度、发酵适度的色泽标志，当叶温平稳并开始下降时即为发酵适度。叶色由绿变黄绿再变绿黄，待叶色开始变成黄红色，即为发酵适度。从香气来看，发酵适度应具有浓厚的熟苹果香。从季节来看，一般春茶呈黄红色，夏茶呈红黄色。

在实际生产过程中，发酵程度掌握"适度偏轻，宁轻勿过"的原则。

4. 干燥

干燥的目的：一是利用高温迅速地钝化各种酶的活性，停止发酵，使发酵形成的品质固定下来；二是蒸发茶叶中的水分，使干毛茶含水量降低到 6% 左右，以紧缩茶条，缩小体积，固定外形，保持足干，便于贮存；三是散发大部分低沸点的青草气味，激发并保留高沸点的芳香物质，获得红茶特有的甜香。因此，干燥的好坏直接影响着毛茶品质。

烘干技术上采取"高温烘干，先高后低"的原则和多次干燥方式，两次干燥中间需要进行适当的摊凉。分两次进行，第一次烘干称毛火，第二次烘干称足火。目前毛火多采用连续烘干机和烘焙机等进行，足火采用提香机、连续烘干机和烘焙机等进行，实际生产上烘笼烘焙的茶叶质量高，特别是香气好，但生产成本高，劳动强度大，不适合大规模生产，现在多用烘干机烘焙。烘干机烘焙操作技术主要掌握烘干温度、时间及摊叶厚度等。

（1）温度。烘干温度是影响干燥质量的主要因素，要求掌握"毛火高温，足火低温"的原则。毛火一般进风口温度为 120 ～ 130℃，不超过 130℃，茶坯含水量为 20% ～ 25%。中间适当摊凉，使叶内水分重新分布，避免外干内湿，摊凉时间约 45 min，不超过 1 h。足火采取低温慢烘，继续蒸发水分，发展香气。足火温度一般为 90 ～ 95℃（烘笼足干：70 ～ 80℃），茶坯含水量为 5% ～ 6%。足火后立即摊凉，使茶坯温度降至略高于室温时装箱（袋）。

（2）时间。一般毛火高温短时，以 10 ～ 15 min 为宜。采用烘笼及提香机足干，以 60 ～ 90 min 为宜；使用自动烘干机足干，时间 15 ～ 30 min。

（3）摊叶厚度。要求保证通气性良好和热能的充分利用，在保证干燥质量前提下提高干燥效率，掌握"毛火薄摊，足火厚摊""嫩叶薄摊，老叶厚摊""碎叶薄摊，条状叶厚摊"的原则。通常摊叶厚度毛火 1 ～ 2 cm，足火可加厚至 3 ～ 4 cm。烘干的主要技术参数如表 5-3、表 5-4 所示。

表 5-3　自动烘干机操作技术参数

烘　次	进风温度 （℃）	摊叶厚度 （cm）	烘干时间 （min）	摊凉时间 （min）	含水量 （%）
第一次（毛火）	110 ～ 120	1 ～ 2	10 ～ 15	40 ～ 60	20 ～ 25
第二次（足火）	85 ～ 95	2 ～ 5	15 ～ 30	30 ～ 45	5 ～ 6

表 5-4　烘笼烘焙操作技术参数

烘　次	进风温度 （℃）	每笼叶量 （kg）	烘干时间 （min）	翻叶间隔 时间（min）	干度	摊凉 时间 （min）	摊凉 厚度 （cm）
第一次 （毛火）	85 ～ 90	1.5 ～ 2.0	30 ～ 40	5 ～ 10	七成	60 ～ 90	2 ～ 3
第二次 （足火）	70 ～ 80	3 ～ 4	60 ～ 90	10 ～ 15	足干	30 ～ 60	5 ～ 8

（4）干燥程度。毛火适度，手捏稍有刺手感，但叶面软有强性，折梗不断，含水量为 20% ～ 25%。足火适度，条索紧结，色泽乌润，香气浓烈，含水量6% 左右；用手握有刺手感，用力即有断脆声，用指捏茶即成粉末，梗子易折断。烘干过度时，产生火茶，甚至把茶叶烘焦，造成品质下降。烘干不足时，含水量较高，香气不高，滋味不醇，在毛茶贮运过程中容易产生霉变，严重影响品质（图 5-11、图 5-12）。

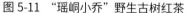

图 5-11 "瑶峒小乔"野生古树红茶	图 5-12 "瑶峒小乔"红茶

二、江华苦茶绿茶加工

江华苦茶绿茶加工与其他茶树品种加工绿茶的工艺基本相同，江华苦茶绿茶是以江华苦茶群体种或从江华苦茶群体种选育出的无性系良种鲜叶加工而成，由于江华苦茶属乔木型大叶类，茶多酚、儿茶素类等物质含量高，其加工的绿茶较其他中小种茶树品种的鲜叶加工的绿茶具有明显的苦味，因此其鲜叶原料要求和加工的工艺技术参数较其他有所差异，工艺主要表现在适当延长摊放时间和适度杀透杀老及减轻揉捻程度等。

（一）原料要求

鉴于江华苦茶群体种或良种鲜叶的特性及其加工绿茶后的品质特点，加工江华苦茶绿茶以名优绿茶为宜，且鲜叶原料以早春、嫩度高的鲜叶为好。采摘标准为早春单芽、一芽一叶初展、一芽一叶、一芽二叶初展等嫩度较高的芽叶，要求新鲜、匀净。江华苦茶春茶后期及夏秋茶鲜叶不宜加工绿茶。

（二）工艺技术

江华苦茶绿茶加工的基本工序分为鲜叶摊放（摊青）、杀青、揉捻和干燥。

1. 鲜叶摊放

鲜叶摊放是绿茶初制过程中不可或缺的工序之一，也是江华苦茶绿茶形成色绿、味醇品质特征的重要措施之一，且越高级别的绿茶摊放作用效果越显著。

江华苦茶绿茶鲜叶的摊放时间要求较其他品种的鲜叶摊放稍长，摊放程度宜较其他品种鲜叶略重。具体摊放方法为：将鲜叶原料摊放于竹垫、篾盘、摊青槽等设备内，要求均匀薄摊，摊叶厚度一般为 2～3 cm，嫩叶薄摊，老叶厚摊；摊放时间一般为 6～8 h，不超过 12 h，主要根据摊青程度确定。气温低、湿度大或雨水叶、露水叶则摊放时间适当延长。摊放过程中，可轻翻1～2次。当叶质微软、清香透出，鲜叶含水量68%～70%时为摊青适度，及时加工，要求做到先进厂先付制。

2. 杀青

杀青是绿茶加工不可缺少的关键环节。杀青的目的：一是彻底破坏鲜叶中酶的活性，制止多酚类化合物的酶促氧化，以便获得绿茶应有的色、香、味；二是散发青气，发展茶香；三是改变叶片中内含成分的部分性质，促进绿茶品质的形成；四是蒸发一部分水分，使叶质变为柔软，增加韧性，便于揉成条。

杀青一般采用滚筒杀青机，根据鲜叶嫩度和鲜叶数量情况分别采用40型、50型、60型或70型杀青机。当温度达到280～320℃（筒内离投叶端20 cm处内壁温度）时开始投叶，杀青时间一般为90～150 s，要求投叶适量、均匀。杀青过程中应随时检验杀青情况，并随时调整投叶量的多少。例如，杀青程度偏嫩，适当减少投叶量；杀青程度偏老，则增加投叶量。在杀青机出口端设置风扇，及时吹凉杀青叶和吹出单片、焦叶、黄片等。杀青程度一般是在出叶口取叶通过感官来判断，当叶色由鲜绿转为暗绿，手捏叶软，略有黏性，嫩茎梗折之不断，紧捏叶子成团，稍有弹性，青草气消失，略带茶香即为适度。例如，叶边焦边、叶片上出现焦斑等现象，则为杀青过度；杀青叶仍鲜绿，茶梗易折断，叶片欠柔软，青草气重，则为杀青不足。江华苦茶绿茶杀青程度宜较其他品种稍重，杀青完成后及时摊凉、回潮。

3. 揉捻

揉捻的目的主要是为了卷紧茶条，缩小体积，为炒干成条打好基础；同时适当破坏叶组织，促使茶汁容易泡出。揉捻分初揉和复揉，需根据鲜叶原料嫩度确定揉捻次数；一般单芽、一芽一叶初展等嫩度较高的鲜叶原料仅需揉捻一次即可，其他嫩度的原料纤维素含量较高难以成条，需通过一次揉捻（初揉）后进行初干再进行第二次揉捻（复揉）。揉捻时要求准确掌握投叶量、揉捻压力和揉捻时间等，把握好揉捻程度。江华苦茶鲜叶加工绿茶，揉捻程度要求较其他茶树品种鲜叶揉捻轻。

（1）揉捻机械。根据鲜叶嫩度及鲜叶量的多少采用40型等中小型揉捻机进行。

（2）投叶量。投叶量要适度，一般以自然装满揉桶为宜。投叶量过多，杀青叶易甩出桶外，同时杀青叶在揉桶内翻转困难，揉捻不均匀，条索不紧，并造成松散条和扁碎条多；投叶量过少，叶子相互带动力减弱，不易翻动，起不到揉捻的作用。

（3）揉捻压力。揉捻加压遵循"先轻后重，逐步加压，轻重交替，最后松压"的原则。揉捻开始阶段一般都不加压，采取轻揉，随着叶片能逐渐沿着叶子主脉初步卷成条状，同时叶团开始在揉桶内能上下滚动，此时开始加压。压力的轻重，应视叶子老嫩来掌握。特级及一级鲜叶以不加压揉捻为主，中间适当加以轻压；二级以下鲜叶适当加压，并逐步加重，最后松压。如果加压过早或过重或一压到底，常达不到揉捻要求的良好效果。江华苦茶绿茶加工因品种特性及品质要求，要求揉捻程度较其他茶树品种鲜叶的揉捻程度轻，因此揉捻加压应较其他的压力尽可能减小。

（4）揉捻时间。一般 10～15 min，以揉捻叶成条情况而定。

（5）揉捻程度。揉捻叶成条率达 80% 以上，茶汁附着叶面，手摸有湿润黏手感觉，茶条紧结不扁、嫩叶不碎、老叶不松为适度。

4. 干燥

干燥的目的：一是叶子在杀青的基础上继续使内含物发生变化，提高内在品质；二是在揉捻的基础上收紧条索，改进外形；三是排除过多水分，便于贮藏。

干燥分初干和足干，第一次揉捻后干燥为初干，第二次揉捻后干燥为足干。一次揉捻的茶叶，经初干摊凉后再足干。足干一般又分两次进行：毛火和足火。

（1）初干。初干采用五斗烘干机或自动烘干机进行，进风口温度为 110～130℃。当达到烘干温度要求后开始投叶，投叶要求均匀；采用五斗烘干机摊叶厚度 2～3 cm，自动（连续）烘干机摊叶厚度 1～2 cm。二青叶适度的标准为：含水量 35%～40%，手捏茶叶有弹性，叶色绿，略有刺手感。初干时间 5～8 min，并及时摊凉。

（2）足干。五斗或自动（连续）烘干机烘干：毛火进风温度为 100～110℃，摊叶厚度自动烘干机 2 cm 左右、五斗烘干机 3 cm 左右，烘至稍感刺手为适度，毛火茶含水量为 18%～25%。摊凉回潮 0.5～1.0 h，厚度约 10 cm，摊至叶子回软为宜。足火进风温度为 90～105℃，足火茶含水量 4%～6%，手捻叶即成粉末为适度。

烘笼烘干：毛火阶段掌握"高温、薄摊、多翻、短烘"，烘心温度85℃左右，摊叶厚度2 cm左右，每隔3～5 min翻烘一次，时间约20 min，含水量18%～25%，下烘摊凉，时间为0.5～1.0 h；足火掌握"低温、厚摊、少翻、长烘"，烘心温度70～75℃，摊叶厚度3～5 cm，每隔7～8 min翻烘一次，烘焙时间为40～60 min，干度符合要求后下烘。

烘干最忌烟气、焦气，火功不能偏高。用烘干机烘干，热风炉不能漏烟；用烘笼烘茶，使用优质木炭，必须拣净柴头，防止燃烧冒烟。火力务求均匀，切忌明火上窜。上下焙茶，操作宜轻，防止碎茶落入火中产生烟气。不论机械烘干还是烘笼烘干，都要正确掌握火温和茶叶干燥程度，防止焦茶或火功偏高。

5. 做形

加工高档江华苦茶绿茶，一般在初干摊凉后要进行做形。做形一般采用五斗烘干机（图5-13），温度90～100℃，时间5 min左右。双手抓茶，向同一方向顺时针搓揉，要求前轻后重，边紧条边抖散茶条，待茶条达到八成干时出锅摊凉，摊凉时间30 min左右，摊叶厚度不超过3 cm。摊凉完成，再进入足干。

江华苦茶古树绿茶如图5-14、图5-15所示。

图5-13 绿茶理条试验

图5-14 "瑶峒小乔"古树绿茶

图5-15 古树绿茶

三、江华苦茶瑶茶加工

瑶茶是以江华苦茶鲜叶为原料，在瑶族同胞传统茶叶加工工艺基础上，结合现代茶叶加工设备，通过改进工艺而加工出的茶叶新产品。产品外形色泽黄褐油润、内质汤色黄绿透亮、滋味浓醇爽口、香气具有典型的豆粟香及耐冲泡等品质特征，解决了过去瑶族同胞所加工的茶叶条索粗松、有烟味或烟味较重、茶汤深黄、苦涩味重等缺陷，符合现代茶叶消费需求。

瑶茶的鲜叶原料要求一芽三叶左右及以上嫩度的芽叶，匀净、新鲜，鲜叶颜色以黄绿色为好；其基本加工工艺分为鲜叶摊放、杀青、揉捻、闷堆、干燥。

1. 鲜叶摊放

鲜叶摊放是江华瑶茶初制过程中不可或缺的工序之一，也是形成瑶茶香高、味醇等品质特征的重要措施之一。具体摊青方法是：将鲜叶原料摊放在竹垫或篾盘等设备内，要求均匀薄摊，摊叶厚度一般2～3 cm，摊放时间6～8 h，气温低、湿度大或雨水叶、露水叶则摊放时间适当延长；摊放过程中，可轻翻1～2次。原料相对较老（一芽二三叶）、生产量相对较大，可选择清洁、阴凉的场地，下铺竹垫等设施，摊叶厚度10 cm左右，时间12 h以内；其间2～3 h适当翻动鲜叶，防止鲜叶发热。摊放适度后即投入付制，要求做到先进厂先付制。目前，已有各种设备用于鲜叶贮青和摊放，可根据自身条件制定合理的摊放技术参数，确保鲜叶品质。

在天气适宜的条件下，可结合晒青处理。晒青摊放厚度2 cm左右，时间30 min左右，视气温高低具体确定，晒青切忌在高温强光下进行。有条件的茶厂还可适度采取摇青处理，摇青以轻摇、不损伤芽叶为宜。

2. 杀青

杀青是形成和提高瑶茶品质的关键技术之一。杀青的目的：一是彻底破坏鲜叶中酶的活性，制止多酚类化合物的酶促氧化，以便获得瑶茶应有的色、香、味；二是散发青气、发展茶香；三是改变叶片中内含成分的部分性质，促进瑶茶品质的形成；四是散发一部分水分，使叶质变为柔软，增加韧性，便于揉捻成条。

瑶茶杀青方式与绿茶杀青方式基本相同，一般采用滚筒杀青机杀青，杀青机根据鲜叶嫩度与鲜叶量的多少确定，分别选择40型、50型、60型等中小型杀青机。杀青过程中，要随时检验杀青质量。当叶色由鲜绿转为暗绿，叶缘微卷，手捏叶微刺手（老杀），嫩茎梗折之不断，紧捏叶子成团，稍有弹性，青草气消失，略带茶香时即为适度。与绿茶杀青程度比，瑶茶杀青应稍偏重（图5-16、图5-17）。

图 5-16　瑶茶杀青试验

图 5-17　杀青叶摊凉试验

3. 揉捻

揉捻的目的是为了卷紧茶条，缩小体积，为炒干成条打好基础；同时适当破坏叶组织，促使茶汁容易泡出且耐冲泡。一般根据鲜叶原料嫩度确定揉捻次数，一般单芽、一芽一叶初展等嫩度较高的鲜叶原料采取一次揉捻即可，而其他纤维素含量相对较高鲜叶原料难以成条的，常通过一次揉捻（初揉）并初干后再进行第二次揉捻（复揉）。

投叶量一般以自然装满揉桶为宜。投叶量过多，一方面由于叶团翻转冲击揉桶，叶子因过多而甩出桶外；另一方面杀青叶在揉桶内翻转困难，揉捻不均匀，不仅条索揉不紧，也会造成松散条和扁碎条多。但投叶量过少，叶子相互带动力减弱，不易翻动，同样起不到揉捻的作用。

揉捻加压遵循"先轻后重，逐步加压，轻重交替，最后松压"的原则。揉捻开始阶段一般都不加压，随着叶片逐渐沿着叶片主脉初步卷成条状，同时叶团开始在揉桶内上下滚动时开始加压。压力的轻重，视叶片老嫩掌握，总体比绿茶揉捻压力略重。特一、特二级鲜叶以不加压揉捻为主，中间适当加以轻压；一级及以下嫩度的鲜叶适当加压，并逐步加重，即开始无压，中间加压，最后松压。加压过早或过重或一压到底，往往达不到揉捻叶的良好效果。

揉捻程度一级以上嫩度的叶子成条率达 80% 以上，二级及以下嫩度的叶子成条率达 60% 以上。以茶汁附着叶面，手摸有湿润黏手感，茶条紧结不扁、嫩叶不碎、老叶不松为适度。

4. 闷堆

闷堆是瑶茶品质形成的关键工序之一，主要利用湿热环境条件下，茶叶内部化学成分的化学反应，如多酚的自氧化、蛋白质的降解等，形成瑶茶的特殊风味品质。生产上一般采用两次闷堆，第一次是将揉捻叶用透气的竹篓或者竹筐等盛装好并盖上湿布，保持环境温度 30℃ 左右，空气流通，相对湿度 80% 以上，时间 4～6 h。当叶片变得柔软富有弹性，色泽泛黄，香气纯正即为适度。及时进行日晒初干或利用烘干机烘干处理，烘干温度控制在 90～110℃，水分含量 40%～50%，摊凉后再进行第二次闷堆。将初干摊凉后的茶叶堆放在蔑盘或筛垫上，高度 10～20 cm，堆积时间 4～8 h，及时干燥。

5. 干燥

干燥是决定瑶茶品质的最后一关，对形成瑶茶品质有着十分重要的作用。干燥的目的：一是叶子在杀青的基础上继续使内含物发生变化，提高内在品质；二是在揉捻的基础上收紧条索，改进外形；三是排除过多水分，发展香气，便于贮藏。瑶茶的干燥分两次，即初干和足干。

初干是在第一次闷堆完成后进行。初干采用晒干或烘干，干燥程度必须严格掌握。如烘叶过干，不利于二次闷堆；过湿，则二次闷堆容易泥滑浑汤，汤色红变，香气酸化，同时影响复干操作，易粘锅产生烟焦气味，影响成茶品质。初干程度以含水量40%～50%为宜。嫩度相对较老的原料，二青叶含水量宜高；嫩叶与此相反，含水量可略低。一般烘到叶子手捏不黏，稍感触手，而叶子尚软，仍可成团，松手后会弹散即可。初干可采取烘干机烘干，烘干温度不能过高，进风口温度一般掌握在90～110℃。若采取阳光日晒，宜强光下最佳。初干后快速摊凉至室温，并开始第二次闷堆（图5-18）。

图5-18　晒干工艺试验

足干是瑶茶初加工最后一道工序，是瑶茶发展香气的关键工序。足干分两步进行，第一步主要是散发水分，稳定生化品质。采用烘干方式，机械设备与初干相同，但烘干温度比初干稍低，一般温度控制在80～90℃；干燥程度控制在八九成干下机摊凉，并进行第二步足干提香。足干提香一般采用提香机烘干，前期采用高温烘焙，一般温度控制在120℃左右，时间30 min左右；后期采用低温烘干，一般温度控制在70～90℃，时间60～90 min。足干后，下机摊凉再打包入库。

"江华苦茶"中的"江华"为地名，"苦茶"中的"苦"在瑶族语里是"好"的意思，"苦茶"就是好茶。苦茶，最早记载于春秋时代的《尔雅·释木》，距今约 2 500 年的历史。江华苦茶茶树属小乔木大叶类茶种，原产于南岭山脉江华瑶族自治县境内。据对江华苦茶茶叶生化成分等的研究结果表明，江华苦茶是一个与云南大叶种亲缘关系较近的古老的茶树资源，是茶树种质资源由乔木型向灌木型进化的过渡类型，1987 年被认定为湖南省优良地方群体品种。江华苦茶茶树含有较高的茶多酚及儿茶素类等物质，适制红茶等茶类，所制茶叶品质优异。

第一节　感官品质

一、江华苦茶红茶

20 世纪 70 年代，湖南省茶叶研究所根据江华苦茶资源的特性与经济性状，采用当地江华苦茶资源鲜叶制成红碎茶，汤色红亮，滋味浓强，具有优质红碎茶的品质特征。样茶经各有关单位鉴评，一致认为该茶外形色泽黑润，颗粒重实；内质汤色红艳，滋味浓强，金圈厚，叶底红亮均匀（表6-1），可达红碎茶标准二套样水平。该茶茶汤加注牛奶后，苦涩味即消失，显出很强的茶味，可与国外优质红茶相比，尤其香气有特殊风格。

表6-1 江华苦茶红碎茶感官品质（彭继光，1988年）

鉴评单位及时间	鉴评意见
中国土畜产进出口公司 广东省茶叶分公司 1975.10.6	香型较好，叶底红亮肥厚，滋味浓而带苦，加奶后水色浓稍暗。按来样看，现执行红碎茶标准样中第二套样水平。建议按大叶种鲜叶特点掌握初制工艺，减少苦味
中国土畜产进出口公司 湖北省苎麻茶分公司 1975.11.22	经对照国内外同类上档产品做比较鉴评，品质优良，香气鲜爽，滋味浓强，汤色红浓，冷后呈乳状。叶底红亮，原料制作属优良，是少见好茶
湖南农学院园艺系 1975.11.19	外形颗粒重实，色泽黑润带棕，内质香气浓烈，汤色红浓，滋味浓烈带苦，叶底红匀明亮，加注1∶1鲜牛奶后，汤色呈姜黄色，苦涩味亦消失，应采取措施提高鲜爽度

　　1975年，湖南省茶叶研究所将其作为红茶品种（资源）引种到长沙县高桥镇，引种后，连续几年每年多次采用其鲜叶制作红碎茶小样，经感官审评和理化分析认为其仍不失大叶种的品质风格，滋味浓强，叶底红亮，主要品质成分含量均显著高于当地中小叶群体品种。1984年春茶期间，用江华苦茶群体鲜叶批量生产红碎茶，经湖南省长沙茶厂审评，认为其品质高于三套样水平，按三套样加分予以验收。

　　1988年，彭继光等分别采用从江华苦茶群体中筛选和鉴定出的江华苦茶品系21-1、21-3、37-1和37-2等制作红碎茶，品质均达到国家红碎茶标准二套样水平（表6-2）。其中：21-1加工的红碎茶，颗粒紧结，色泽黑润带棕，香气鲜浓，有大叶种风味，滋味浓度好，加奶后汤色呈明亮玫瑰红，茶味浓，叶底红匀明亮，品质在二套样水平上；37-2加工的红碎茶，颗粒紧结，色泽黑润带棕，汤色红浓，香鲜，滋味浓强度高，加奶后汤色姜黄色，茶味浓爽，叶底红匀明亮，品质在二套样水平上。

表 6-2　4 个江华苦茶株系制作红碎茶的感官品质（彭继光，1987 年）

品系	外形与内质
21-1	颗粒紧结，色泽黑润带棕，香气鲜浓，有大叶种风味，滋味浓度好，加奶后汤色呈明亮玫瑰红，茶味浓，叶底红匀明亮，品质在二套样水平上
37-1	颗粒紧结，色泽棕黑而润，汤色红亮尚浓，香鲜味强爽，加奶后汤色姜黄明亮，茶味尚浓，叶底红亮，品质可达二套样水平
21-3	颗粒紧结色泽棕润，汤红尚亮，香气鲜浓，有大叶种风味，滋味鲜爽尚强，加奶后汤色呈姜黄型，茶味尚浓，叶底红匀明亮，柔软，品质可达二套样水平
37-2	颗粒紧结，色泽黑润带棕，汤色红浓，香鲜，滋味浓强度高，加奶后汤色姜黄色，茶味浓爽，叶底红匀明亮，品质在二套样水平上

1988—1989 年，李赛君等采用选育出的江华苦茶品种 21-3 夏季鲜叶制红碎茶，干茶色泽棕褐，香气高锐、鲜爽，汤色红艳，滋味浓强鲜爽，加奶后粉红色、茶味浓，叶底红亮，达我国红碎茶品质二套样水平（表 6-3）。2017 年 5 月 12 日，采摘选育出的江华苦茶品种 21-1 一芽二叶鲜叶按传统红条茶工艺制红茶，所制红条茶外形乌黑油润，汤色红艳明亮，香气甜香醇正，滋味甜醇，总评分与国家级对照种槠叶齐和省级良种高香优质红茶种潇湘 1 号相当（表 6-4）；所制红碎茶外形颗粒紧结、色泽黑润带棕，香气鲜浓、有大叶种风味，滋味浓度好，加奶后汤色呈玫瑰红，茶味浓，达二套样上档水平（表 6-5）。

表 6-3　21-3 江华苦茶红碎茶品质鉴评意见

外形	香气	汤色	滋味	叶底	总评	审评单位及时间
色棕润	香高锐	红亮	浓爽		二套样高水平	中国农业科学院茶叶研究所，沈培和，1988.8.12
颗粒紧结、色泽棕红、尚润	高锐带芬芳	红艳	浓强鲜度较全面	红亮悦	达我国红碎茶品质二套样水平	湖南省茶叶研究所，彭继光，1988.9.4

（续）

外形	香气	汤色	滋味	叶底	总评	审评单位及时间
棕红紧结较重实、多片梗、欠匀齐、尚润	高有花香	红稍深、加奶后粉红色	浓强尚鲜、加奶后茶味浓	红尚有青片	达二套样水平	湖南农学院，施兆鹏，1988.9.4
颗粒尚紧、匀净、色乌泛棕	高甜	红艳	强尚浓	红艳	达二套样标准水平	浙江农业大学，张堂恒，1988.8.17
色泽较乌红润	鲜爽较高	红浓较鲜、有冷后浑	浓强	红匀亮	在浓强度方面超过二套样水平	安徽农学院，田兴安、詹罗九，1988.11.7
色棕红、颗粒匀整、夹片红梗筋毛多	鲜爽	红艳明亮	强烈鲜爽	橘红明亮、嫩度好	品质相当二套样水平	中国土畜产进出口公司湖南省茶叶分公司，黄岳临，1988.10.27
净度稍差、色棕含绿片	鲜香		稍浓尚涩	红亮	内质相当二套样水平	中国土畜产进出口公司上海市茶叶分公司，1988.10.31

表 6-4　江华苦茶工夫红茶感官品质

品种（系）	外形/得分	内质				总分
		汤色/得分	香气/得分	滋味/得分	叶底/得分	
21-1	色泽乌黑油润、尚紧细 /92.5	红艳明亮 /92.5	甜香醇正 /93.0	甜醇 /94.0	红匀明亮 /94.0	93.2
楮叶齐（CK1）	尚紧细、弯曲、金毫显露，棕褐尚润 /93.0	尚红亮 /92.0	甜香醇正 /92.0	尚甜醇 /92.0	红亮 /92.5	92.4
潇湘 1 号（CK2）	紧结、棕褐尚润、带金毫 /92.5	红艳明亮 /93.0	甜香带花香 /93.5	醇爽 /93.0	红尚亮 /92.0	92.9

表6-5 江华苦茶（21-1）红碎茶感官品质

品系	外形	汤色	香气	滋味	叶底	综合品质
21-1	颗粒紧结、色泽黑润带棕	红艳明亮	鲜浓，有大叶种风味	滋味浓度好，加奶后汤色呈玫瑰红，茶味浓	红匀明亮	达二套样上档水平

注：评审单位为广东省茶叶进出口公司（1987年8月3日）。

2019年，黄怀生等采用江华苦茶群体资源鲜叶加工工夫红茶，外形乌润、紧结；汤色红艳、明亮；香气以蜜甜香为主，带有花香；滋味浓、甜醇，有收敛性；叶底红亮、匀。与湖南省其他中小叶种工夫红茶比，其品质特征区别主要在于滋味的浓度、强度等方面（图6-1、图6-2）。

图6-1 红茶干茶（左：单芽原料；中：一芽一叶原料；右：野生古树红茶）

图6-2 红茶茶汤（左：单芽原料；中：一芽一叶原料；右：野生古树红茶）

二、江华苦茶绿茶

1963年，湖南省茶叶研究所彭继光研究员等在江华林区调查发现，采用江华苦茶群体品种鲜叶加工的江华毛尖茶香高、味浓、回甘、耐泡。

20世纪90年代初，随着我国茶产业"红改绿"及名优绿茶产业的兴起与发展，江华瑶族自治县及其他引种江华苦茶的地区采摘江华苦茶早春鲜叶原料加工高档毛尖绿茶，外形卷曲，绿润隐翠，少毫；汤色黄绿、明亮；香气嫩栗香、持久；滋味浓、尚醇、回甘；叶底黄绿、明亮（图6-3、图6-4）。加工优质大宗绿茶，香高，味浓，先苦后甜，回甘性强，耐泡。

图6-3　绿茶干茶　　　　　图6-4　绿茶叶底（干茶存放9个月）

李赛君等2017年4月9日采摘从江华苦茶资源中选育出的新品种21-1一芽一叶嫩度鲜叶制绿茶，外形条索弯曲尚紧细、色泽绿润，汤色黄绿明亮，果香浓郁，滋味鲜爽，香气和滋味（96.0分和94.5分）均优于对照福鼎大白茶所制的绿茶（92.0分和92.5分），综合感官审评结果相当于对照，如表6-6所示。

表6-6　江华苦茶绿茶感官品质

品种（系）	外形/得分	内质				总分
		汤色/得分	香气/得分	滋味/得分	叶底/得分	
21-1	条索尚紧细、稍弯、绿、润 /91.0	黄绿明亮/92.5	果香浓郁/96.0	尚鲜爽、浓 /94.5	黄绿尚亮、尚匀 /92.5	93.3
福鼎大白茶（CK1）	条索紧细、尚匀、稍弯，颜色翠绿、白毫满披 /94.0	黄绿明亮/94.5	清香纯正/92.0	鲜尚醇/92.5	黄绿明亮、均匀 /94.0	93.4

注：总分＝外形（25%）＋汤色（10%）＋香气（30%）＋滋味（25%）＋叶底（10%）；审评单位为湖南省茶叶检测中心。

三、江华苦茶瑶茶

瑶茶是一款基于传统瑶族茶文化和江华苦茶资源（品种）特性，在瑶族先民传统茶叶加工工艺基础上，结合现代加工装备、创新加工工艺而制作出的茶叶新产品。其品质特征：外形条索卷曲、尚紧结、有毫，色泽黄褐；汤色绿黄、亮，香气呈豆香透栗香、高、持久，滋味醇爽、回甘，叶底嫩黄或黄、亮。产品兼具黑茶滋味的醇厚和绿茶栗香的高长，回甘好，深受当地瑶民和消费者喜爱（图 6-5、图 6-6）。

图 6-5　瑶茶干茶（原料一芽一叶）

图 6-6　瑶茶茶汤（原料一芽一叶）

第二节　生化品质

一、常规品质成分

1975 年 10 月 9 日，彭继光等采用原产地江华苦茶群体鲜叶按传统工艺制成红碎茶，生化测定结果表明，含较高茶多酚和水浸出物，并均高于斯里兰卡、印度等的红碎茶（表 6-7）。

1989 年，湖南省茶叶研究所刘宝祥等采用引种长沙县高桥的江华苦茶鲜叶制成红碎茶，检测理化指标并与云南、广东、广西的上档红碎茶比较。结果表明，江华苦茶红碎茶能与之堪比，特别是茶黄素含量最高（表 6-8）。

表 6-7　江华苦茶红碎茶与国内外几种代表性红碎茶生化成分比较（%）

样　茶	茶多酚	水浸出物
江华苦茶（夏茶）	26.67	42.64
江华苦茶（秋茶）	24.43	38.23
斯里兰卡 BOP1 上	20.78	40.32
印度天康 BOP1 中	17.12	37.53
勐海 BOP1	24.18	—
湘波绿	16.59	38.89

表 6-8　江华苦茶红碎茶与云南、广东、广西的优质红碎茶生化成分比较（%）

品　种	茶黄素	茶红素	茶褐素
云南凤庆 5 号	1.12	7.84	6.40
滇红高档 2 号	0.91	7.13	7.27
广东英红 921032	1.26	6.71	3.53
广东英红 922032	1.43	6.36	2.74
广西 CTC 碎 2	1.18	5.80	3.30
广西传统碎 2	0.89	4.71	5.32
江华苦茶碎 2	1.56	7.73	5.60
楮叶齐（CK）	1.24	6.12	5.42

李赛君等 2017 年 4 月 9 日采摘从江华苦茶群体中选育出的江华苦茶新品种 21-1 一芽一叶嫩度的鲜叶制绿茶，2017 年 5 月 12 日采摘一芽二叶嫩度的鲜叶按传统工艺制工夫红茶，分别测定主要品质成分。结果表明，以 21-1 鲜叶为原料加工的绿茶水浸出物含量为 44.22%、茶多酚含量为 30.38%、游离氨

基酸含量为 5.04%、咖啡碱含量为 5.09%（表 6-9），儿茶素品质指数高于福鼎大白茶（表 6-10）；加工的工夫红茶水浸出物含量为 38.26%、茶多酚含量为 19.40%、游离氨基酸含量为 5.01%、咖啡碱含量为 5.11%（表 6-11），红茶 TR/TF 值为 11.2，茶黄素和茶红素比例优（表 6-12）。

表 6-9　以 21-1 所制的绿茶生化成分分析（%）

品种（系）	水浸出物	茶多酚	游离氨基酸	咖啡碱
21-1	44.22 ± 0.71a	30.38 ± 0.55a	5.04 ± 0.19a	5.09 ± 0.19a
福鼎大白茶（CK）	36.93 ± 0.79b	19.86 ± 0.49b	4.34 ± 0.26b	4.24 ± 0.22b

注：表中同一指标后不同小写字母表示差异显著（$P \leqslant 0.05$），下同。

表 6-10　以 21-1 所制的绿茶儿茶素组分（mg/g）

品种（系）	GC	EGC	C	EC	EGCG	GCG	ECG	$\dfrac{EGCG + ECG}{EGC}$	儿茶素总量
21-1	8.31 ± 0.11a	10.31 ± 0.08b	2.33 ± 0.06a	2.16 ± 0.01b	68.82 ± 0.79a	35.07 ± 0.05a	17.12 ± 0.04a	8.34	144.12
福鼎大白茶（CK）	4.16 ± 0.06b	11.14 ± 0.07a	2.16 ± 0.03b	4.99 ± 0.03a	45.41 ± 0.62b	19.13 ± 0.04b	15.64 ± 0.03b	5.50	102.63

表 6-11　以 21-1 所制的工夫红茶生化成分分析（%）

品种（系）	水浸出物	茶多酚	游离氨基酸	咖啡碱
21-1	38.26 ± 0.81a	19.40 ± 0.41a	5.01 ± 0.28a	5.11 ± 0.20a
槠叶齐（CK1）	34.36 ± 0.70c	14.23 ± 0.53c	4.29 ± 0.35c	4.43 ± 0.21b
潇湘 1 号（CK2）	35.64 ± 0.76b	15.32 ± 0.39b	4.52 ± 0.38b	5.13 ± 0.26

表 6-12　以 21-1 所制的工夫红茶茶色素含量

品种（系）	TF（%）	TR（%）	TB（%）	TR/TF 值
21-1	0.48	5.39	7.55	11.2
槠叶齐（CK1）	0.48	5.76	9.43	12.0
潇湘 1 号（CK2）	0.44	6.60	7.07	15.0

二、香气成分

香气是茶叶品质特征的一个重要因子，也是鉴别茶叶类别和品质高低的主要指标。江华苦茶香气有其明显的特征，群体鲜叶加工的工夫红茶甜香醇正，以选育出的新品种（系）加工的红碎茶香气鲜浓，有大叶种风味；以江华苦茶鲜叶加工的绿茶，嫩栗香为主，果香浓郁；加工的新型瑶茶，豆香透栗香且浓郁。

黄怀生等（2019）研究结果表明，江华苦茶群体所制的工夫红茶香气中，醇类含量为 51.76%、酯类为 25.92%、酮类为 4.49%、醛类为 6.07%、酸类为 3.12%、烃类为 3.77%、杂环化合物为 3.75%、含硫化合物 0.8%，如表 6-13 所示。通过聚类分析：将测定获得的 44 种香气成分进行均值比较单因素 t 检验分析，得到 21 个差异显著的成分（表 6-14）。将差异显著香气成分与 7 种相对含量较高的主要香气成分一起聚类。结果表明（图 6-7），相关距离为 15 时，28 种香气成分可聚为三大类，第Ⅰ类主要是特殊香气（未鉴定气味）类，包括 α - 法尼烯、橙花乙酸酯、1- 乙基 -2- 甲酰吡咯、香叶酸甲酯、3,5- 辛二烯 -2- 酮、二甲硫、橄榄醇和顺 - 柠檬醛等 8 种成分；第Ⅱ类主要为花香、药草香成分，包括香叶醇、β - 月桂烯、吲哚、香茅醛、顺 - 己酸 -3- 己烯酯、橙花醇、反 - 己酸 -2- 己烯酯、脱氢芳樟醇、δ - 杜松烯、顺 - 茉莉酮和水杨酸甲酯等 11 种成分；第Ⅲ类主要为甜香果香成分，包括橙花叔醇、苯乙醇、顺 - β - 罗勒烯、3- 苯基呋喃、反 - β - 罗勒烯、氧化芳樟醇Ⅰ、反 -2- 己烯醛、β - 芳樟醇和己酸己酯等 9 种成分。统计这三类香气成分在江华苦茶所制的工夫红茶各样品中的占比如表 6-15 所示，其各类香气的比例占比为Ⅰ：Ⅱ：Ⅲ = 1:15:5。因此，江华苦茶所制的工夫红茶在以甜香为主的基础上会更加突出花香和果香，香气成分研究结果与实际感官审评的江华苦茶所制的红茶香气以蜜甜香为主并带有花香特征结果一致性相当吻合。

表 6-13　江华苦茶群体工夫红茶香气成分（%）

序号	香气成分	相对含量	序号	香气成分	相对含量
C1	香叶醇 2,7-Dimethylocta-2,6-diene	27.860	C14	香茅醛 Citronellal	1.050
C2	水杨酸甲酯 Methyl ester	23.400	C15	脱氢芳樟醇 Hotrienol	1.010
C3	β - 芳樟醇 β - Linalool	8.130	C16	δ - 杜松烯 δ -Cadinene	0.890
C4	橙花叔醇 Nerolidol	5.190	C17	β - 月桂烯 β -Myrcene	0.880
C5	β- 紫罗酮 β -Lonone	3.330	C18	3- 苯基呋喃 3-Phenylfuran	0.850
C6	反 -3,7- 二甲基 -2,6- 辛二烯酸 2, 6-Octadiennoic acid, 3,7- dimethyl-,(trans)-	3.120	C19	5- 甲基 -2- 苯基 -2- 己烯醛 5-Methyl-2-phenyl-2-hexenal	0.830
C7	苯乙醇 Phenethyl alcohol	2.990	C20	二甲硫 Dimethyl sulfide	0.800
C8	氧化芳樟醇 Ⅱ（呋喃型） Linalool oxide Ⅱ (fr.1)	2.540	C21	橙花醇 Nerol	0.770
C9	3- 甲基呋喃 3-Methylfuran	1.400	C22	顺 - 茉莉酮 cis-Jasmone	0.740
C10	苯甲醇 Benzyl alcohol	1.390	C23	α - 法尼烯 α -Farnesene	0.740
C11	苯甲醛 Benzaldehyde	1.250	C24	糠醛 Furfural	0.680
C12	顺 - 己酸 -3- 己烯酯 cis-Hexanoic acid, 3-hexenyl ester	1.170	C25	2- 甲基呋喃 2-Methylfuran	0.660
C13	氧化芳樟醇 Ⅰ（呋喃型） Linalool oxide Ⅰ (fr.1)	1.130	C26	反 -2- 己烯醛 trans-2-Hexenal	0.590

序号	香气成分	相对含量	序号	香气成分	相对含量
C27	顺 -β- 罗勒烯 cis-β-Ocimene	0.560	C36	香叶酸甲酯 Methyl geranate	0.350
C28	橄榄醇 Olivetol	0.460	C37	β- 环柠檬醛 β-Cyclocitral	0.350
C29	1- 乙基 -2- 甲酰吡咯 1-Ethyl-2- formylpyrrole	0.450	C38	柠檬烯 Limonene	0.320
C30	3,5- 辛二烯 -2- 酮 3,5 –Octadien -2-one	0.420	C39	顺 - 柠檬醛 cis-Citral	0.310
C31	反 - 己酸 -2- 己烯酯 trans-2- Hexenyl caproate	0.410	C40	橙花乙酸酯 Nerol acetate	0.300
C32	吲哚 Indole	0.390	C41	反 , 反 -2,4- 庚二烯醛 trans,trans-2,4-Heptadienal	0.290
C33	反 -β- 罗勒烯 trans-β-Ocimene	0.380	C42	异戊酸叶醇酯 cis-3-Hexenyl isovalerate	0.290
C34	反 , 反 -2,4- 己二烯醛 trans,trans-2,4-Hexadienal	0.360	C43	环氧芳樟醇 Epoxy linalol	0.290
C35	2- 丁基 -2- 辛烯醛 2-Butyl-2-octenal	0.360	C44	己酸己酯 n-Hexanedioic acid n-hexyl ester	0.270

表 6-14 样品中香气成分方差分析结果

序号	组分名称	香气类型	t 值	标准差	Sig.（双侧）
C1	香叶醇	玫瑰味香气	11.295	4.424**	0.008
C2	水杨酸甲酯	有药草的特殊气味	6.460	5.060*	0.023
C3	β- 芳樟醇	有紫丁香、铃兰香与玫瑰的花香， 又有木香、果香气息	9.843	1.190*	0.010

序号	组分名称	香气类型	t值	标准差	Sig.（双侧）
C4	橙花叔醇	有像玫瑰、铃兰和苹果花的气息	6.065	1.126*	0.026
C7	苯乙醇	清甜的玫瑰样花香	5.665	0.688*	0.030
C13	氧化芳樟醇Ⅰ（呋喃型）	具强木香、花香、萜香、青香气	4.553	0.301*	0.045
C14	香茅醛	有柠檬、百合、玫瑰香气	11.453	0.145**	0.008
C15	脱氢芳樟醇	有花香草香	5.358	0.407*	0.033
C17	β-月桂烯	具清淡的香脂香气	13.999	0.111**	0.005
C18	3-苯基呋喃	具有芳香味	5.304	0.210*	0.034
C21	橙花醇	有近似新鲜玫瑰的香甜气，微带柠檬香	4.781	0.368*	0.041
C23	α-法尼烯	未鉴定气味	14.059	0.098*	0.005
C26	反-2-己烯醛	有青香、醛香、果香、辛香、脂肪香	5.761	0.132*	0.029
C27	顺-β-罗勒烯	有草香、花香并伴有橙花油气息	7.922	0.155*	0.016
C28	橄榄醇	未鉴定气味	6.561	0.126*	0.022
C30	3,5-辛二烯-2-酮	甜香	4.796	0.172*	0.041
C32	吲哚	高度稀释的溶液有香味	8.538	0.074*	0.013
C33	反-β-罗勒烯	草香、花香伴有橙花油香	27.989	0.025**	0.001
C39	顺-柠檬醛	浓郁柠檬香味	5.966	0.090*	0.027
C40	橙花乙酸酯	有橙花和玫瑰样香	91.000	0.006**	0.000

序号	组分名称	香气类型	t 值	标准差	Sig.（双侧）
C44	己酸己酯	呈嫩荚青刀豆香气和生水果香味	18.200	0.029**	0.003
C12	顺 - 己酸 -3- 己烯酯	有带玫瑰香的薄荷油香味	1.916	2.529	0.195
C16	δ - 杜松烯	独特的芳香味	2.476	1.506	0.132
C20	二甲硫	有特殊臭味	2.890	0.585	0.102
C22	顺 - 茉莉酮	香气似茉莉花香	2.093	1.848	0.171
C29	1- 乙基 -2- 甲酰吡咯	具桂皮香	2.764	0.422	0.110
C31	反 - 己酸 -2- 己烯酯	薄荷油香味	1.577	1.625	0.255
C36	香叶酸甲酯	有花香和草香香气	1.409	2.754	0.294

注：t 检验显著性中，* 表示显著性，Sig.<0.05；** 表示极显著 Sig.<0.01。

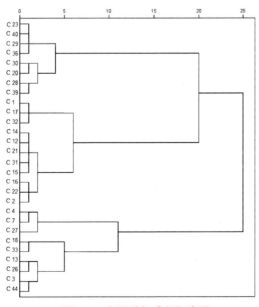

图 6-7　主要香气成分聚类图

表 6-15 样品中三类香气含量及占比

	Ⅰ类 (特殊香气)	Ⅱ类 (花香、药草香)	Ⅲ类 (甜香果香)
	0.74	27.86	5.19
	0.30	0.88	2.99
	0.45	0.39	0.56
	0.35	1.05	0.85
	0.42	1.17	0.38
	0.80	0.77	1.13
	0.46	0.41	0.59
	0.31	1.01	8.13
	—	0.89	0.27
		0.74	
		23.40	—
合计	3.83	58.57	20.09
占比	1	15.29	5.25

雷雨等（2019）对从江华苦茶资源中选育出的品种 21-1 制作的工夫红茶进行香气成分鉴定，共鉴定出 57 种成分。其中醇类 11 种、酯类 8 种、醛类 18 种、酮类 7 种和其他类 13 种，分别占香气总量的 40.54%、39.36%、11.02%、4.1% 和 4.76%。其中醇类、酯类和醛类是 21-1 工夫红茶香气的主要成分，占香气总量的 90.92%（表 6-16）。醇类物质主要包括香叶醇、芳樟醇及其氧化物和苯乙醇，平均含量分别占香气总量的 21.11%、14.72% 和 1.68%；醇类是红茶香气中的主要成分，是花香、果香、清香等香气的体现。21-1 工夫红茶香气成分中相对含量前 10 的物质主要是水杨酸甲酯、香叶醇、芳樟醇及其氧化物、苯乙醛、苯乙醇、顺 - 茉莉酮、β- 紫罗酮、2- 己烯醛、橙花叔醇和橙花醇，共同构成了 21-1 工夫红茶的香气主导成分。

此外，21-1 工夫红茶共鉴定出酯类物质 8 种，主要是水杨酸甲酯，2 个样品中含量分别为 31.93% 和 42.84%，平均含量为 37.38%，其他酯类成分含量均在 1% 以下。根据王秋霜等研究发现斯里兰卡红茶酯类含量（37.32%～69.89%）

明显高于中国的英红九号（6.56%）和祁门红茶（15.32%），其中水杨酸甲酯含量所占比例最大，研究结果显示水杨酸甲酯含量是斯里兰卡红茶与中国红茶的重要区别。雷雨等研究认为 21-1 工夫红茶香气成分中水杨酸甲酯含量也非常高，具有与印度、斯里兰卡红茶相似的特征性和指示性香气成分，表现出较高的冬青叶香气和锐度，香精油特征明显。研究结果证实了 21-1 红茶产品中香气鲜浓，具有印度、斯里兰卡红茶相似香气类型，有大叶种风味的特征。

表 6-16　21-1 工夫红茶香气成分

序号	香气物质	保留时间 (min)	相对含量（%）		
			1号	2号	平均
1	二甲硫 Dimethyl sulfide	1.70	1.85	0.55	1.20
2	3- 甲基丁醛 3-Methyl butyraldehyde	2.31	0.28	0.13	0.21
3	2- 甲基丁醛 2-Methyl butyraldehyde	2.39	1.06	0.36	0.71
4	甲苯 Toluene	3.77	0.15	0.00	0.07
5	己醛 Hexaldehyde	4.52	0.26	0.42	0.34
6	乙酸丁酯 Butyl acetate	4.91	0.70	0.41	0.55
7	糠醛 Furfural	5.47	0.24	0.19	0.22
8	2- 己烯醛 2-Hexenal	6.27	0.81	1.55	1.18
9	顺 -2- 己烯 -1- 醇 (Z)-2-hexen-1-ol	6.76	0.19	0.00	0.10
10	己醇 1-Hexanol	6.91	0.27	0.00	0.14
11	苯乙烯 Styrene	7.77	0.36	0.00	0.18
12	庚醛 Heptanal	8.27	0.10	0.11	0.11
13	苯甲醛 Benzaldehyde	10.98	0.96	0.65	0.81
14	6- 甲基 -5- 庚烯 -2- 酮 6-Methyl-5-heptene-2-one	12.25	0.14	0.08	0.11
15	月桂烯 Myrcene	12.50	1.14	0.86	1.00
16	(E)-3- 己烯 -1- 醇乙酸酯 (E)-3-Hexen-1-ol acetate	13.31	0.00	0.45	0.23

序号	香气物质	保留时间 (min)	相对含量（%）		
			1号	2号	平均
17	反-2-反-4-庚二烯醛 trans-2-trans-4-Heptadienal	13.54	0.29	0.50	0.39
18	柠檬烯 Limonene	14.42	0.34	0.24	0.29
19	苯甲醇 Benzyl alcohol	14.72	0.26	0.23	0.25
20	反-β-罗勒烯 trans-β-Ocimene	14.87	0.38	0.28	0.33
21	苯乙醛 Phenylacetaldehyde	15.14	4.34	1.82	3.08
22	1-乙基-2-甲酰吡咯 1-Ethyl-2-formylpyrrole	15.29	0.00	0.33	0.17
23	2-辛烯-1-醛 2-Octen-1-al	15.95	0.00	0.23	0.12
24	顺-氧化芳樟醇 cis-Linalool oxide	16.58	0.36	0.37	0.36
25	反-氧化芳樟醇 trans-Linalool oxide	17.39	0.66	0.69	0.67
26	芳樟醇 Linalool	18.24	11.03	16.35	13.69
27	壬醛 Nonanal	18.38	0.79	1.06	0.92
28	苯乙醇 Phenylethyl alcohol	18.63	1.83	1.53	1.68
29	乙酸苯甲酯 Acetic acid benzyl ester	21.11	0.43	0.37	0.40
30	壬醇 1-Nonanol	21.79	0.65	0.89	0.77
31	萘 Naphthalene	22.01	0.26	0.19	0.23
32	水杨酸甲酯 Methyl salicylate	22.67	31.93	42.84	37.38
33	癸醛 Decanal	23.35	0.24	0.19	0.21
34	β-环柠檬醛 β-Cyclocitral	23.82	0.59	0.46	0.52
35	3-苯基呋喃 3-Phenylfuran	23.94	0.88	0.23	0.56
36	橙花醇 Nerol	24.21	1.31	0.42	0.86
37	顺-柠檬醛 cis-Citral	24.79	0.84	0.53	0.69
38	香叶醇 Geraniol	25.70	24.63	17.59	21.11

序号	香气物质	保留时间 (min)	相对含量（%）		
			1号	2号	平均
39	反-2-癸烯醛 trans-2-Decenal	26.00	0.00	0.23	0.11
40	3,7-二甲基-2,6-二辛烯醛 3,7-Dimethyl-2,6-octadienal	26.24	1.18	0.51	0.85
41	反,反-2,4-癸二烯醛 (E,E)-2,4-Decadienal	27.40	0.00	0.22	0.11
42	香叶酸甲酯 Methyl geranate	28.70	0.11	0.10	0.11
43	1,1,6-三甲基-1,2-二氢萘 1,1,6-Trimethyl-1,2-dihydronaphthalene	29.93	0.22	0.16	0.19
44	4-甲基-2-苯基戊烯-2-醛 4-Methyl-2-phenyl-2-pentenal	30.54	0.68	0.22	0.45
45	β-大马烯酮 β-Damascenone	31.11	0.27	0.09	0.18
46	乙酸橙花酯 Neryl acetate	31.20	0.56	0.32	0.44
47	己酸顺式-3-己烯酯 cis-3-Hexenyl hexanoate	31.30	0.00	0.39	0.20
48	顺-茉莉酮 cis-Jasmone	31.69	0.85	2.11	1.48
49	α-紫罗酮 α-Lonone	32.96	0.24	0.21	0.23
50	反-香叶基丙酮 trans-GeranyLacetone	34.10	0.46	0.22	0.34
51	2,6-二叔丁基苯醌 2,6-Di-tert-butylbenzoquinone	34.56	0.00	0.09	0.04
52	β-紫罗酮 β-Lonone	35.31	1.67	0.88	1.28
53	5,6-环氧-β-紫罗酮 5,6-Epoxy-β-Ionone	35.53	0.96	0.00	0.48
54	δ-杜松烯 δ-Cadinene	36.93	0.47	0.17	0.32
55	橙花叔醇 Nerolidol	38.71	1.18	0.64	0.91
56	棕榈酸甲酯 Palmitic acid, methyl ester	51.94	0.06	0.04	0.05
57	棕榈酸 Palmitic acid	52.83	0.22	0.13	0.17

第七章
茶艺茶道

江华苦茶产自神州瑶都——湖南省永州市江华瑶族自治县。江华苦茶历史悠久，根据古籍《尔雅·释木》及长沙马王堆汉墓陪葬出土文物考证，约有2 500年的生产历史。江华苦茶产品种类丰富，以红茶、绿茶、黑茶、瑶茶为主，另有少量的白茶等茶叶产品。苦茶，在瑶语里"苦"是好的意思，"苦茶"就是好茶。冲泡好一壶江华苦茶，既能充分展现江华苦茶的茶性、茶美、茶俗，又可使饮者达到陶冶情操、身心愉悦、养生延年的目的。

第一节　泡饮方法

不同的茶类、不同的茶品，其冲泡方法要求也不同。江华苦茶有红茶、绿茶、黑茶、瑶茶等，每一种茶类又分多种产品。以下主要介绍江华苦茶红茶、江华苦茶绿茶及江华苦茶瑶茶这三类茶的泡饮技艺。

一、江华苦茶红茶

目前，江华苦茶红茶主要是优质工夫红茶。其品质特征：外形乌润、紧结；汤色红艳、明亮；香气以蜜甜香为主，带有花香；滋味浓、甜醇，有收敛性；叶底红亮、匀整。与湖南其他中小叶种工夫红茶比，其品质特征区别主要在于滋味的浓、强度等方面。为了凸显其品质特点，宜选择盖碗泡法、飘逸杯泡饮法及壶泡法等冲泡方法。

（一）盖碗泡法

1. 器具

选用敞口圆腹、边沿略外伸、容量120/150 mL的瓷质或玻璃盖碗一个，容量大于150 mL的玻璃公道杯一个，过滤网一个，品茗杯若干（视饮茶人数而定）及随手泡一个。

2. 冲泡流程

备水→赏茶→烫杯→投茶、冲泡→品饮。

3. 冲泡技艺

江华苦茶红茶滋味浓，收敛性强，蜜甜香浓，带花香，冲泡时温度可适当提高，投茶量适当减少，冲泡时间适当缩短，以达到最佳冲泡效果。具体冲泡方法如下：

（1）备水。水温95℃以上的水。

（2）赏茶。鉴赏干茶的色、香、形。

（3）烫洗杯具。用开水将盖碗（包括碗盖）、公道杯、品茗杯烫洗一遍。

（4）投茶。茶水比为1:40～1:50，将称取好的茶叶投入盖碗中，闻干茶香气。投茶量根据饮茶者的需求及茶叶质量等级情况而定。喜好滋味较浓的，投茶量适当加大；喜欢清雅一点的，投茶量适度减少。嫩度高的红茶（如芽茶）宜多投，嫩度相对较低的红茶（如一芽一二叶红茶）适当少投。

（5）冲泡。水温高，冲泡的红茶香气高，茶汤滋味偏浓；水温低，冲泡的红茶香气较淡雅，滋味柔和。将90℃以上的水注入杯中至离杯5 mm处，用杯盖刮去表面的浮沫，然后用开水冲洗杯盖。盖上杯盖，一定时间后将茶汤经过滤网倒入公道杯中，然后分入各品茗杯。泡茶时间根据茶叶本身的质量、饮茶者的喜好及投茶量等可略加调整。以120 mL的盖碗投茶3 g为例（茶水比约为1:40），出汤时间分别为：第一泡约20 s，第二泡约15 s，第三泡约20 s，第四泡约30 s，第五泡约40 s，此后每泡延长30 s，直至茶味淡即可换茶。每次冲泡完毕将茶汤全部倒入公道杯，鉴赏茶汤，汤色红艳明亮，再分至小杯供饮用，小口吸入茶汤，与舌头各部分充分接触后咽下。冲泡后，可揭盖在鼻前嗅闻茶香，江华苦茶红茶蜜甜香浓透花香。

（6）品饮。江华苦茶红茶冷后浑现象明显，耐冲泡，既具云南大叶种风格，又有独特的香型，是湖南省优质特色红茶之一。待茶汤凉至适口，细细品尝，滋味甜醇、浓，口感饱满，回甘生津明显。

（二）飘逸杯泡饮法

1. 器具

选用容量 250/500/600/900 mL 飘逸杯一个，品茗杯若干（视饮茶的人数而定），随手泡一只。

2. 冲泡流程

备水→赏茶→烫杯→冲泡→品饮。

3. 冲泡技艺

（1）备水。水温 95℃以上的水。

（2）赏茶。鉴赏干茶的色、香、形。

（3）烫洗杯具。用开水将飘逸杯（包括内胆）、公道杯、品茗杯烫洗一遍。

（4）冲泡。投入茶叶：将称取好的茶叶 [250 mL（内杯 100 mL），3～5 g茶；500 mL（内杯 180 mL），7～8 g茶；600 mL（内杯 200 mL），8～10 g茶；900 mL（内杯 250 mL），12～15 g茶] 投入泡茶内杯中，闻干茶香气。投茶量根据饮茶者的喜好和茶叶质量情况略加增减。泡茶：向内杯注入所需量的开水，一定时间后使茶水分离，然后将茶水分入各品茗杯。泡茶时间根据茶叶本身的质量、饮茶者的喜好及投茶量等可略加调整。以 500 mL 飘逸杯（内杯 180 mL）投茶 8 g 为例，出汤时间分别为：第一泡约 20 s，第二泡约 15 s，第三泡约 20 s，第四泡约 30 s，第五泡约 40 s，此后每泡延长 20 s，直至茶味淡即可换茶。

（5）品饮。同盖碗泡法。

（三）壶泡法

1. 器具

选用造型周正、腹部宽、出水流畅、容量 200/250 mL 的紫砂壶一个，容量大于 250 mL 的公道杯一个，过滤网一个，品茗杯若干（视饮茶的人数而定），随手泡一只。

2. 冲泡流程

备水、备茶→赏茶→烫杯→冲泡→品饮。

3. 冲泡技艺

（1）备水、备茶。水温 95℃以上，视原料嫩度而定，高嫩度原料加工的瑶茶，冲泡水温略低，较成熟原料加工的瑶茶冲泡水温可偏高。按茶水比 1:40～1:50 称取茶叶（具体根据饮用者喜好和茶叶质量等级情况而定）。

（2）赏茶。鉴赏干茶的色、香、形。

（3）烫洗杯具。用开水将紫砂壶、公道杯、品茗杯等烫洗一遍。

（4）冲泡。投入茶叶：将称取好的茶叶投入紫砂壶中，闻干茶香气。浸洗茶叶：用回旋法注入开水至稍有溢出，约 10 s 后用壶盖刮去浮沫后将浸洗茶叶的水倒出，并用开水冲洗壶盖。泡茶：将水注入紫砂壶中至壶口齐平，盖上壶盖，一定时间后将茶汤经过滤网倒入公道杯中，然后分入各品茗杯。泡茶时间根据茶叶本身的质量、饮用者的喜好及投茶量等可略加调整。以 150 mL 壶投茶 8 g 为例，出汤时间分别为：第一泡约 15 s，第二泡约 10 s，第三泡约 15 s，第四泡约 25 s，第五泡约 40 s，此后每泡延长 30 s，直至茶味淡即可换茶。

（5）品饮。将品茗杯拿至鼻前嗅闻，小口吸入茶汤，与舌头各部分充分接触后咽下。空杯时还可续闻茶香。

二、江华苦茶绿茶

依据江华苦茶茶树品种特性及市场需求，江华苦茶绿茶主要以名优绿茶为主；外形色泽翠绿，紧细；内质汤色黄绿、明亮，嫩栗香高、持久，味浓、醇厚、回甘，叶底黄绿或绿亮。其冲泡品饮可依据需求选择杯泡法和盖碗泡法等方法。

（一）杯泡法

玻璃杯、瓷茶杯等均可。为能直观茶叶与茶汤，以玻璃杯为佳。

杯泡法投茶，可分为上、中、下 3 种投茶法。上投法即先在杯中注水，然后投茶；中投法即先在杯中注入约 1/3 容量的水，然后投茶，浸泡一定时间后，再注水；下投法即先在杯中投茶，然后注水。江华苦茶名优绿茶 3 种投茶法均适宜，目前茶馆茶店及消费者等均以下投法居多。早春江华苦茶芽茶等高级别绿茶，由于原料较细嫩，建议采取上投法冲泡品饮效果较好。

1. 器具选择

玻璃杯 3～5 个，品茗杯若干（视饮茶人数而定），公道杯一个，随手泡一个及相关辅助茶具。

2. 冲泡流程

备水→赏茶→烫杯→冲泡→品饮。

3. 冲泡技艺

（1）备水。水温 80～85℃，按茶水比 1:40～1:60 称取茶叶（根据饮用者的喜好而定）。

（2）赏茶。鉴赏干茶的色、香、形。

（3）烫洗杯具。用开水将玻璃杯、公道杯、品茗杯烫洗一遍。

（4）冲泡。①上投法：在杯内用回转低斟高冲法将水注入至七分满，再将江华苦茶绿茶 2～3 g 轻轻拨入杯中水面，随后可见茶叶下沉，并散发出清香。②中投法：在杯中冲入 1/3 的水，取 2～3 g 茶叶轻轻拨入杯中水面，再采取高冲低斟法将开水注入杯中。③下投法：取 2～3 g 绿茶置于茶杯中，向杯中注入少量开水，浸泡 30～60 s，再将开水注入杯中。冲泡水量控制在杯总容量的 4/5 左右处。泡后可举杯看芽叶起落姿态、观茶汤色泽及嗅闻茶香。

（5）品饮。一是待茶汤稍凉后端杯直接品饮。二是先将杯中茶水全部倒入公道杯中后再分至品茗杯品饮，此种方式泡茶时间基本同盖碗泡法。品饮：小口啜饮，让茶汤在口腔内循环打转，使茶汤与舌头不同部位充分接触，细细品尝可感受到滋味醇爽、收敛性强、生津回甘、唇齿留香。

采取直接品饮方式，当茶杯中余 1/3 左右茶汤时续水，注水时应将杯中茶叶冲翻起来，每杯茶续水一般 2 次为宜。采用品茗杯品饮方式，根据需要及时续水，续水方法同直接品饮方式。

（二）盖碗泡法

盖碗泡法易掌握冲泡时间，有利于很好地控制江华苦茶绿茶茶汤的滋味口感，因此是品饮江华苦茶名优绿茶最适宜的冲泡方法之一。

1. 器具

选用敞口圆腹、边沿略外伸、容量 120 /150 mL 盖碗一只，容量大于 150 mL 的公道杯一个，过滤网一个，品茗杯若干（视饮茶人数而定），随手泡一个。

2. 冲泡流程

备水、备茶→赏茶→烫杯→冲泡→品饮。

3. 冲泡技艺

（1）备水、备茶。水温 80～85℃，并按茶水比 1:40～1:60 称取茶叶。

（2）赏茶。鉴赏干茶的色、香、形。

（3）烫洗杯具。用开水将盖碗（包括碗盖）、公道杯、品茗杯烫洗一遍。

（4）冲泡。将称取好的茶叶投入盖碗中，闻干茶香气。采取回旋法向杯中注入开水至稍有溢出，用杯盖刮去表面的浮沫，用开水冲洗杯盖。盖上杯盖，一定时间后将茶汤经过滤网倒入公道杯中，然后分入各品茗杯。泡茶时间根据茶叶本身的质量、饮茶者的喜好及投茶量等可略加调整。出汤时间一般分别为：第一泡15～20 s，第二泡约15 s，第三泡15～20 s，第四泡25～30 s，第五泡30～40 s，此后每泡延长30 s，直至茶味淡即可换茶。冲泡过程中，可揭盖在鼻前嗅闻茶香，嫩栗香悠长；闻香每次持续2～3 s，随即合上杯盖，可反复3～5次。每次冲泡完毕将茶汤全部倒入公道杯，鉴赏茶汤，汤色杏黄绿明亮，再分至小杯中供饮用品饮。

（5）品饮。小口吸入茶汤，让茶汤在口腔内滚动后咽下。品饮方式同前面杯泡法。

三、江华苦茶瑶茶

瑶茶是基于瑶族同胞传统茶叶加工工艺基础上，结合江华苦茶茶树资源（品种）特性与现代加工装备，融合部分茶类工艺研制出的茶叶新产品。其品质特征：外形条索卷曲、尚紧结，色泽黄褐；汤色绿黄亮，香气豆香透栗香、高、持久，滋味醇爽、回甘，叶底嫩黄或黄、亮。深受瑶族同胞及消费者的喜爱。基于瑶茶品质特点，原料较嫩的高端瑶茶可选择盖碗泡法和飘逸杯等杯泡法；原料较成熟的瑶茶除可选择盖碗泡法和飘逸杯等杯泡法外，还可选择壶泡法、煮泡法等其他冲泡方式。瑶族同胞的传统泡法还有碗泡法、烤茶泡法等，其中烤茶泡法有其独特性。

（一）盖碗泡法

1. 器具

选用敞口圆腹、边沿略外伸、容量150 mL的盖碗一只，容量大于150 mL的玻璃公道杯一个，过滤网一个，品茗杯若干（视饮茶人数而定），随手泡一个。

2. 冲泡流程

备水、备茶→赏茶→烫杯→冲泡→闻香、品饮。

3. 冲泡技艺

（1）备水、备茶。水温95 ℃左右（视原料嫩度而定，高嫩度原料加工的瑶茶冲泡水温略低，较成熟原料加工的瑶茶冲泡水温可偏高），按茶水比1:30～1:50称取茶叶（具体根据饮茶者喜好和茶叶质量等而定）。

（2）赏茶。鉴赏干茶的色、香、形。

（3）烫洗杯具。用开水将盖碗（包括碗盖）、公道杯、品茗杯等烫洗一遍。

（4）冲泡。投入茶叶：将称取好的茶叶投入盖碗中，闻干茶香气。浸洗茶叶：用回旋法向盖碗注入开水至稍有溢出，约10 s后用碗盖刮去浮沫后将浸洗茶叶的水倒出，并用开水冲洗碗盖。泡茶：将水注入杯中至离杯约5 mm处，盖上杯盖，一定时间后将茶汤经过滤网倒入公道杯中，然后分入各品茗杯。泡茶时间根据茶叶本身的质量、饮茶者的喜好及投茶量等可略加调整。一般冲泡出汤时间分别为：第一泡约20 s，第二泡20～25 s，第三泡30～40 s，第四泡35～40 s，第五泡35～45 s，此后每泡延长约35 s，直至茶味淡即可换茶。

（5）闻香、品饮。闻香：初泡时，揭盖嗅闻茶香，茶香呈豆香透栗香；空杯时续闻茶香，茶香馥郁悠长。品饮：待茶汤凉至适口，小口啜饮，让茶汤在口腔内循环打转，使茶汤与舌头不同部位充分接触，细细品尝，滋味醇厚，生津回甘，唇齿留香。

（二）紫砂壶泡法

1. 器具

选用造型周正、腹部宽、出水流畅、容量200/250 mL的紫砂壶一个，容量大于250 mL的公道杯一个，过滤网一个，品茗杯若干（视饮茶的人数而定），随手泡一只。

2. 冲泡流程

备水、备茶→赏茶→烫杯→冲泡→品饮。

3. 冲泡技艺

（1）备水、备茶。水温95℃左右（视原料嫩度而定，高嫩度原料加工的瑶茶冲泡水温略低，较成熟原料加工的瑶茶冲泡水温可偏高），按茶水比1:30～1:50称取茶叶（具体根据饮茶者喜好和茶叶质量等而定）。

（2）赏茶。鉴赏干茶的色、香、形。

（3）烫洗杯具。用开水将紫砂壶、公道杯、品茗杯等烫洗一遍。

（4）冲泡。投入茶叶：将称取好的茶叶投入紫砂壶中，闻干茶香气。浸洗茶叶：用回旋法向杯内注入开水至稍有溢出，10 s后用壶盖刮去浮沫后将浸洗茶叶的水倾出，并用开水冲洗壶盖。泡茶：将水注入杯中至壶口齐平，盖上壶盖，一定时间后将茶汤经过滤网倒入公道杯中，然后分入各品茗杯。泡茶时间根据茶叶本身的质量、饮茶者的喜好及投茶量等可略加调整。以150 mL壶投茶8 g为例，出汤时间分别为：第一次泡约15 s，第二泡约10 s，第三泡约15 s，第四泡约25 s，第五泡约40 s，此后每泡延长30 s，直至茶味淡即可换茶。

（5）品饮。将品茗杯拿至鼻前嗅闻，小口吸入茶汤，与舌头各部分充分接触后咽下。空杯时还可续闻茶香。

（三）煮泡法

一些采用较成熟原料加工的瑶茶，可采取煮泡法。

1. 器具

选用煮茶机一个，品茗杯若干（视饮茶的人数而定）。

2. 冲泡流程

备水、备茶→赏茶→烫壶→煮茶→品饮。

3. 冲泡技艺

（1）备水、备茶。水温100℃，茶水比为1:50（根据茶叶本身的质量及饮茶者的喜好等可略加调整）。

（2）赏茶。鉴赏干茶的色、香、形。

（3）烫洗杯具。用开水将煮茶机、品茗杯烫洗一遍。

（4）煮茶。投茶：将称取好的瑶茶投入煮茶机中，闻干茶香气。浸洗茶叶：用回旋法将煮茶机里的茶叶浸洗10 s，将水滤净。煮茶：以500 mL煮茶机煮茶10 g为例，打开煮茶开关，待水煮开后关闭，将茶汤倒入公道杯中，然后分入各品茗杯。第三次煮茶起每次减少水量20 mL。

（5）品饮。同盖碗泡法、紫砂壶泡法等。

（四）飘逸杯泡法

1. 器具

选用容量250/500/600/900 mL飘逸杯一个，品茗杯若干（视饮茶的人数而定），随手泡一只。

2. 冲泡流程

备水→赏茶→烫杯→冲泡→品饮。

3. 冲泡技艺

（1）备水。水温95℃左右（视原料嫩度而定，高嫩度原料加工的瑶茶冲泡水温可略低，较成熟原料加工的瑶茶冲泡水温可稍高）。

（2）赏茶。鉴赏干茶的色、香、形。

（3）烫洗杯具。用开水将飘逸杯（包括内胆）、公道杯、品茗杯烫洗一遍。

（4）投入茶叶。将称取好的茶叶 [250 mL（内杯 100 mL），3 ～ 5 g 茶；500 mL（内杯 180 mL），7 ～ 8 g 茶；600 mL（内杯 200 mL），8 ～ 10 g 茶；900 mL（内杯 250 mL），12 ～ 15 g 茶] 投入泡茶内杯中，闻干茶香气。投茶量根据饮茶者的喜好和茶叶质量情况等可略加增减。

（5）冲泡。向内杯注入所需量的开水，一定时间后使茶水分离，然后将茶水分入各品茗杯中。泡茶时间根据茶叶本身的质量、饮茶者的喜好等可略加调整。以 500 mL 飘逸杯（内杯 180 mL）投茶 8 g 为例，出汤时间分别为：第一泡约 20 s，第二泡约 15 s，第三泡约 20 s，第四泡约 30 s，第五泡约 40 s，此后每泡延长 20 s，直至茶味淡即可换茶。

（6）品饮。同盖碗泡法。

（五）烤茶泡饮法

烤茶泡饮法为瑶族同胞传统泡饮瑶茶方法之一。其方法是先烤罐，待罐极热之时，将茶叶放入，在炭火上翻转烘烤，当茶叶焦黄时冲入开水，再继续烘烤 2 min，最后将煮好的茶汤倒出饮用。

1. 器具

烤罐要肚大口小，大小适中，材质采用土陶或紫砂制品，小木炭炉、木炭（燃烧性能好，无异味），品茗杯（碗）若干（视饮茶的人数而定）。

2. 泡饮流程

备水、备茶→洁具→烤罐→投茶→烤茶→冲水→烘烤→品饮。

3. 泡饮技艺

（1）备水、备茶。茶水比为 1:40 ～ 1:50（根据茶叶本身的质量及饮茶者的喜好等可略加调整）。

（2）烫洗杯具。用开水将烤茶器具和饮用器具烫洗一遍。

（3）泡饮。先烤罐，待罐极热之时，将茶叶放入，在炭火上翻转烘烤，当茶叶焦黄时将烧开的水一次冲入，一阵茶香顿时泛上来，再继续烘烤 2 min；将烤罐取下，观其茶汤，色泽黄亮，清香透着豆栗香扑鼻。将煮好的茶汤倒入公道杯中，然后分入各品茗杯进行品饮；或将煮好的茶汤直接分别倒入碗中品饮。

（4）品饮。同盖碗泡法。

第二节 茶韵茶艺

茶艺是一门源于生活却又高于生活的泡饮艺术。优美的茶艺，既能满足味觉需求，又能满足视觉享受，从而获得身心愉悦的感受。江华苦茶源于江华瑶族自治县，地处湖南最南部、南岭山脉中心，历史悠久。茶叶作为瑶族同胞生产生活中不可或缺的一部分，其茶文化传承着瑶族同胞千百年来的苦难历史及苦心劳作、苦中作乐与苦尽甘来的美好生活。因此，"苦乐"及"苦尽甘来"充分诠释了瑶茶文化的精神内涵，很好地契合江华苦茶的茶韵茶艺。

一、江华苦茶绿茶茶艺

茶器：玻璃杯 3 个，电随手泡 1 套，水盂、茶荷、茶巾、茶匙、茶叶罐等各 1 个。

茶叶：江华绿茶 9 g。

服装：瑶族服装。

音乐：《盘王的故事》纯音乐。

解说词：江华苦茶产自被誉为神州瑶都的湖南省永州市江华瑶族自治县，是我国珍贵、特异的茶树种质资源，生长于云雾缭绕的大瑶山中。一方水土养一方人，一方大山养一方茶，生长于高山之中的江华苦茶独具特色。

1. 烫杯：冰心去凡尘

茶是至清至洁、天涵地育的灵物，泡茶要求所用器皿至清至洁。用开水再烫洗一遍本就洁净的茶具，以示对嘉宾的尊敬。江华苦茶因品种资源的古老而珍稀，内含物丰富，加工的茶叶产品滋味饱满、茶味浓；水浸出物平均含量达48.50%，远高于一般茶树品种；专家们誉为茶树品种的资源宝库。

2. 赏茶：叶嘉喜迎客

江华苦茶绿茶产自江华瑶族自治县大瑶山深处，是当地瑶族同胞采用江华苦茶春季鲜嫩芽叶经精湛工艺制作而成，外形纤柔且韵致风华，隐翠又绿意泛情，宛如盘王神话中的瑶家仙女，给人如梦如幻的美妙感觉，清香悠悠传来，勾起品赏者无限的遐思。

3. 凉汤：玉壶养太和

江华苦茶绿茶茶芽细嫩，若直接用开水冲泡，会破坏茶叶品质，造成熟汤失味，所以将水温降至85℃左右再进行冲泡，这样泡出的茶才会不温不火、恰到妙处，泡出的茶色、香、味俱佳。看，壶中氤氲升起的热气，恰似大瑶山中晨露衔烟。

4. 投茶：清宫迎佳人

苏东坡有诗云："戏作小诗君勿笑，从来佳茗似佳人。"他把优质的茶比喻成让人一见倾心的绝代佳人。冲泡江华苦茶绿茶宜选用中投法，先向杯中注入约1/3容量的开水，再用茶匙将茶叶轻轻投入冰清玉洁的玻璃杯中，有如请佳人轻移莲步，登堂入室。为了使茶味浓淡适当，每杯的投茶量为3 g左右。

5. 润茶：甘露润莲心

润茶时，手轻摇茶杯，茶芽浸润吸水舒展，茶质快速而充分溶入水中。茶芽经过温润后，茶香四溢，沁人心脾，透出悠悠的清香。

6. 冲泡：凤凰三致意

冲水时要求水壶有节奏地三起三落，犹如凤凰向各位嘉宾点头致意。注水注七分满，留下三分是情义，这正是瑶家山民千百年来有情有义的写照。冲水后茶叶吸收水分，逐渐舒展开并慢慢沉入杯底。

7. 敬茶：观音捧玉瓶

传说观世音菩萨常捧着一个白玉净瓶，净瓶中的甘露可消灾祛病，救苦救难。现将泡好的江华苦茶敬奉给在座的各位嘉宾，祝福各位一生平安、健康如意。

8. 看茶：春波展旗枪

轻摇茶杯，杯中的热水如春波荡漾，茶芽在热水的浸泡后慢慢地舒展，展开的茶芽簇立在杯底，尖尖的叶芽如枪，展开的叶片如旗。在清碧澄净的水中栩栩如生，宛如春兰初绽，又似有生命的精灵在跳舞。

9. 闻茶：慧心悟茶香

品江华苦茶绿茶，一看、二闻、三品味。在欣赏茶的曼妙身姿之后，再闻一闻，茶香扑鼻，清（嫩栗）香悠长。其清幽淡雅，似春天的气息；其清纯悠远，乃生命之香。

10. 品茶：淡中品至味

细细品啜茶汤，滋味鲜醇，甘爽，淡而有味，江华苦茶之韵味自在其间。茶中有百味，用心去品，就一定能品出天地间至清、至醇、至真、至美的韵味，愿这杯好茶和江华瑶族"苦乐"与"苦尽甘来"的茶文化精神能洗去您在都市的尘埃，得到心灵空旷的原野。

11. 谢茶：苦茶展新篇

"悠悠五千载，茶香润汗青。"醉翁之意不在酒，品茶之韵不在茶；茶中有道，品茶悟道。茶是上天恩赐给人类的灵芽瑞草。在此，且借这杯江华苦茶，向各位奉上健康与快乐，并表达诚挚的祝福与敬意。

二、江华苦茶红茶（瑶都红）茶艺

茶器：釉下陶瓷盖碗1个，品茗杯3～5个，玻璃公道杯、水盂、茶荷、茶巾、茶匙、奉茶盘、热水壶及风炉（电炉或酒精炉）各1个。

茶叶：江华苦茶红茶（瑶都红）3 g。

服装：瑶族服装。

音乐选配：《瑶族舞曲》纯音乐。

解说词：江华苦茶红茶（瑶都红）产自被誉为神州瑶都的湖南省永州市江华瑶族自治县。江华生态良好，气候宜人，是美丽的天然氧吧，处在世界红茶黄金带，是湖南省规划的优质茶优势产业区域之一。江华苦茶红茶以江华苦茶茶树鲜叶为原料精制而成。江华苦茶茶树（资源）是湖南四大地方特色茶树资源之一，也是我国特异性珍贵地方品种之一。其内含物丰富，茶多酚及儿茶素类物质含量高，适制优质红茶，品质优良，香气独特，其花蜜香浓郁，滋味浓强鲜爽，茶汤冷后浑现象明显，耐冲泡，既有云南大叶种风格，又有独特的香型，是湖南省优质特色红茶之一。

1. 赏茶："宝光"初现

瑶都红产自大瑶山，以小乔木型大叶类茶种江华苦茶茶树鲜叶为原料，在传承传统红茶工艺基础上进行融合与创新，外形条索紧结，金毫显露，色泽乌黑油润；嗅闻干茶香，茶叶馥郁花香与蜜香交融，回味无穷，令人沉醉，乃红茶中的上品。

2. 备水：清泉初沸

茶情必发于水。古有言好茶配好水，众多天下名泉林立无不源于茶。特选用清冽甘甜的大瑶山清泉冲泡。将壶中泉水加热，微沸，壶中上浮的水泡仿佛"蟹眼"已生。

3. 烫杯：温热杯盏

以初沸之水注入茶器及品茗杯中，使杯升温。同时，将本已洁净的茶杯再烫洗一次，以表示对各位来宾的敬意。今所选用的陶瓷茶器，集胎质美、釉色美、工艺美、形体美、彩饰美于一体，其瓷质极为细腻，釉色晶莹淡雅，图案画工精美，在釉层的覆盖下更显生动。

4. 投茶：佳茗入宫

用茶匙将茶荷中的瑶都红轻轻拨入盖碗中。江华苦茶历史悠久，根据古籍《尔雅·释木》及长沙马王堆汉墓陪葬出土文物考证，约有 2 500 年的生产历史。江华苦茶的"苦"字源于瑶语，意为汉语的好，江华苦茶实为江华好茶。

5. 冲泡：高山流水

冲泡水温以95℃左右为宜。刚才初沸的水，已是"蟹眼已过鱼眼生"，稍作凉置，即可用来冲泡。高冲可以让茶叶在水的激荡下，充分浸润，以利于色、香、味的充分发挥。

6. 敬茶：分杯敬客

将盖碗中的茶倒入公道杯内，鉴赏茶汤，汤色红艳明亮，显金圈。用循环斟茶法，将茶汤均匀地分至小杯中，使杯中之茶的色、味一致。

7. 闻香：喜闻幽香

一杯茶到手，先闻其香。花香馥郁，透蜜甜香，其香浓郁高长。

8. 品饮：缓啜慢饮

待茶汤凉至适口，细细品尝，滋味甜醇、浓郁，口感饱满，回甘生津明显，回味绵长。

9. 品茶：三品得趣

一泡之后，可再冲七八泡。此茶经久耐泡，既有云南大叶种风格，又有独特的香型。细饮慢品，方能得茶之真味、茶之真趣。

10. 谢茶：收杯谢客

茶乃上天恩赐给人类的灵芽瑞草。在此，且借这杯江华苦茶红茶——瑶都红，给诸位奉上健康与快乐，并表达诚挚的祝福与敬意。愿所有的爱茶人都像这杯红茶一样，相互交融，相得益彰。

三、江华苦茶瑶茶茶艺

茶器：采用铜官窑茶器作为主泡器，铜官窑侧把壶1把，配套品茗杯3～5个，玻璃公道杯、水盂、茶荷、茶巾、茶匙、奉茶盘、热水壶及风炉（电炉或酒精炉）各1个。

茶叶：瑶茶 5 ～ 8 g。

服装：瑶族服装。

音乐选配：《盘王大歌》《江华苦茶》纯音乐。

插花：一题为《苦乐》的插花，古朴的花器配上一根历经沧桑遒劲有力的枝干，枝叶苍翠、葱郁傲然，孕育着生命的力量，展示着那刻写在时光的瑶族故事，苦中作乐，苦尽甘来。

解说词：江华苦茶产自被誉为神州瑶都的湖南省永州市江华瑶族自治县，历史悠久。据古籍《尔雅·释木》及长沙马王堆汉墓陪葬出土文物考证，约有 2 500 年的生产历史。江华苦茶具有"古""苦""长""早"的特点，是湖南四大地方特色茶树资源之一，也是我国特异性珍贵地方品种之一。其内含物丰富，茶多酚及儿茶素类物质含量高，其简单型儿茶素含量可与勐海野生大茶树媲美，复杂型儿茶素含量与原始阿萨姆茶种比肩。以江华苦茶茶树鲜叶加工的瑶茶，一直是瑶族同胞生产生活的必需品。

1. 茶具风韵

据北魏晚期郦道元所著的《水经注》中记载："铜官山，亦名云母山，土性宜陶。"今选用绘有《梅山图》的铜官窑茶器来沏泡江华苦茶瑶茶，湘茶配湘器，佳茗配妙器，交相辉映。以壶身饱满而沉稳的铜官窑侧把壶为主泡器，其透气性好，用来泡茶利于净化水质，泡出的茶汤口感更醇和。

2. 静心烹泉

精茗韵香，借水而发。选用清甜可口似玉泉的瑶山泉水来冲泡瑶茶，可谓茶水俱美，相得益彰。品饮瑶茶水温 95 ～ 100 ℃，此时壶内水珠涌动，水声潇潇，似在瑶山赏景听涛，情趣盎然。

3. 鉴赏瑶茗

瑶茶是一款基于传统瑶族茶文化和江华苦茶资源（品种）特性，在瑶族先民传统茶叶加工工艺基础上，结合现代加工装备、创新加工工艺而制作出的茶叶新产品。其条索卷曲、显毫，色泽黄褐润，嗅之茶香扑鼻而来。

4. 净情挥洒

将本就洁净的茶器用沸水再烫洗一遍，提高壶温使茶性更好地发挥，同时寓意着热情洋溢的瑶族人民对来宾的尊重和敬意。

5. 瑶茶入宫

用竹制的茶夹将瑶茶轻轻拨入壶中，缓缓落下。相传，瑶族始祖盘王前往潇水源头采药，误食千足毒虫，全身乌黑昏倒在树下，半夜，一滴一滴露水划过叶片，落入盘王口中，身上的乌黑渐渐褪去，天亮后盘王苏醒，恍然大悟，是树叶救了命，这片神奇的叶子就是江华苦茶。

6. 洗尽凡尘

将95℃以上的水注入壶中，用壶盖轻轻刮去泡沫，随即将茶汤倾出，醒茶过程恰似瑶族人民历经一路艰难险阻后经沐浴洗去前尘过往，散发出馥郁悠长的豆栗香。

7. 飞瀑跌宕

当沸水从壶中直泻而下，恰似瀑布直泻而下，让人仿佛置身于瀑布飞流、空谷幽鸣的天堂瑶寨的瀑布下，追忆瑶族祖辈。

8. 千锤百炼

拿起紫砂壶，轻轻摇动壶身，壶内茶叶随着水的浸润，将其精华释放。这一过程犹如瑶族发展过程中的种种苦难，瑶族最早生活在黄河流域，后因战乱，导致瑶族多次被迫迁徙、大分化、大组合的局面。

9. 琥珀流光

将晶莹剔透、色如琥珀的茶汤注入公道杯中，茶汤如琥珀流光，美不胜收，宛如瑶民"苦中作乐"的生活态度和积极追求美好生活的向往。

10. 甘露润心

将茶汤依次均匀注入品茗杯中。瑶茶是瑶族同胞的生命之液，点点茶汁正如甘露滋润着瑶族同胞。

11. 苦乐与共

将冲泡好的茶敬奉给历尽艰苦却始终对生活充满着无比热爱的人们，从"苦"到甜、到乐、到成功、到幸福，是我们共同的向往。

12. 古道回味

细细品尝，滋味醇厚，生津回甘，唇齿留香，回味隽永。品味和欣赏瑶茶是一种美的艺术享受，激荡心灵，洗涤尘凡，领略瑶茶的苦尽甘来，体会苦中作乐的人生哲理。

第八章 瑶乡茶俗

第一节 饮茶方式

喝茶是瑶民生活中不可或缺的重要部分，甚至喝茶摆在吃饭之后，位居第二位。在瑶民生活中有这样一说："宁可三餐无酒，不可一日无茶。"瑶胞中的男女老少每天都离不开喝茶，而以江华本地产苦茶为瑶胞最爱，可见茶在瑶族人民心目中的重要位置。瑶乡至今仍保留着简朴而古老的饮茶习惯，许多瑶族地区早上喝油茶，晚上喝泡茶；其中喝泡茶是最风行的习俗，常在饭后，三五成群聚在一起，配点心、酸菜，用大碗喝茶，有时相距数里之遥，晚上点着火把踏着月光相邀一起喝泡茶，形成了一种独特的茶文化。

瑶族是一个淳朴的民族，不仅热情好客，而且个个爱喝茶，"请茶"便成了增进邻里朋友之间友谊和招待客人的主要礼节，无论是否相识，"进屋就是客"，进了瑶家屋，主人的第一个礼节均是敬大碗茶。《盘王大歌》唱道："写信回家禀大姐，人来客往要煮茶，莫说亚六不在家。"虽然煮茶待客是瑶家的传统礼节之一，但因我不在家，所以要嘱咐大姐，只要别人进家门都是我的客，"煮茶上茶待好客，莫丢瑶家好美德"。因此，客人进屋，主人首先就是上茶。如果是几个客人一同进屋做客，要从长者开始上茶，即使是小孩也要上一碗茶。上茶时，要在桌上沏好，再双手捧起端给客人，并说"请用茶"。敬茶不能只用一只手拿给客人，或者端给客人就走开，或不说"请用茶"，这些都是不符合瑶家礼仪的。瑶家有一首敬茶歌这样唱道："喜鹊叫啊朋呀朋友来，我敬朋友茶一杯。奇山异水呀出好茶，杯中泡着云呀云雾味。哎自古哎人好哎，水也甜水也甜，清凉解渴润呀润心扉。"润心扉的不仅是清凉的茶水，还有瑶家人的真诚待客之道。若留宿瑶家，除三餐喝瑶山酒、吃瑶家菜之外，晚上一边闲聊一边大碗喝茶，也是瑶胞们对客人热情、友好和敬重的表示。客人喝茶的时间越长、喝的越多，越表示客人对主人的热情、友好和敬重。

泡茶，大都以味道香醇的瑶山黑毛茶为原料，原料多为粗茶，即瑶山当地所出产的野生苦茶制成，用开水冲泡，或放入锅中煮沸几分钟。这种苦茶树树干高大，生长茂盛，茶叶柔软厚实，日久天长，集聚了日月精华。瑶家人采茶不会只采新芽，一般会将当年生嫩梗和芽叶一起采回，加工成黑毛茶后，再用纸包好，吊挂在厨房的楼枕上。因为茶青采得较老，颜色油润乌黑，又多是中老年妇女采摘和制作，所以在瑶山又称"婆婆茶""梗梗茶"。泡茶，一般是半碗茶半碗水，抓半碗茶叶，再用滚烫的开水去冲，茶叶慢慢张开，茶味也慢慢变浓，冲到五六碗水仍然茶味很浓。俗话说："头碗水，二碗茶，三碗、四碗是精华。"

瑶族同胞喝泡茶时，可佐以酸菜、玉米、红薯干之类零食。有邻居串门或亲朋好友来后喝泡茶，边喝边谈，叙旧道新，其乐融融，往往一喝就是数碗，一谈就到半夜，茶醉情更浓。在瑶山，喝泡茶谈古已成为一种传统的生活乐趣，既是一种休闲文化，也是一种养生之道，是瑶族人民的一种生活方式。

在有些瑶区还有喝油茶的习惯。打油茶集香、甜、苦、辣于一身，融治病、强身、健体、开胃、提神、御寒、祛湿等功效于一体，独具特色。制作油茶的用具包括油茶锅、油茶杵、茶滤等。制作油茶的原料有茶叶、生姜、炒米、水、食用油和佐餐食品。油茶的制作方法分为泡洗茶叶、打茶叶、过滤茶叶。首先将茶叶放入锅中煮沸一两分钟后捞出用冷水清洗一次，去掉茶叶中的杂质和苦味；然后放入热油锅中，并放入适量的生姜、蒜头，不停地用油茶杵锤打，间或辅之以揉搓、旋转，待一两分钟后锅底出现一层被锤打出来的茶汁时，将茶叶拨到一边，紧接着迅速浇入适量的食用油（动作要快，否则易烧焦影响口感）和开水，再用油茶杵使劲地搓揉油茶混合物，使之完全融入水中，等完全煮沸后，放入适量食盐，此时一锅香喷喷的油茶就煮好了，过滤后便可饮用。一般来说，第一锅打出的油茶较苦，第二、三锅苦味降低或没有苦味。

在瑶家喝油茶有一定的规矩，即"茶三酒四"。客人来家后，主人为其打上几碗热气腾腾、香气四溢的油茶，以示对客人的尊敬。主人会尽量劝客人多喝，所以客人至少要喝三碗才算对得起主人。第一、二碗不喝完，要留一点在碗里，如喝干了就表示没有礼貌。喝油茶要慢慢喝，一气喝干会冷场，双方都会觉得很尴尬。客人喝完第三碗后，如不想再喝就要把碗内油茶喝干，并将竹筷放在碗口上，双手捧碗放入托盘中以示向主人辞杯，否则主人会再给你一碗一碗地添下去。现在喝油茶的方式有所改变，一般都是主随客便，客人可以根据自己的喜好喝多或喝少。

过去，瑶家待客喝油茶还有其他许多讲究，如油茶碗上一般是放一根筷子，其含义有两个：一是喝油茶不是正餐，用一根筷子以示喝过油茶后还有正餐，吃饭喝酒；二是用一根筷子，表示客人是一心一意来瑶家做客的。当然，现在随着生活水平的提高，喝油茶的佐料也多了，所以喝油茶也用一双筷子了。喝油茶，喝两碗是"好事成双"，喝三碗是"三元及弟"，喝四碗是"四季发财"，喝五碗是"五子登科"……这与喝酒的说法相类似。茶和油茶皆能祛湿祛痰，使人精神振奋，增强耐力，有助于人们从事繁重的体力劳动（图8-1）。

图8-1 瑶族喝茶既是一种生活方式又是一种养生之道

第二节 茶事活动

茶叶被视为健身强体、疗疾祛疫的"神草""灵药"，广泛应用于日常生活。瑶族聚居区有很多传统习俗都与茶叶有关，瑶族民间重大的纪念、仪式、祭祀节庆活动中，均需摆上代表崇敬、纯洁、虔诚的"净茶"进行供奉，祭祀天地、神灵、祖先等，以表示虔诚和恭敬。姑娘出嫁时要喝代表祝福、吉祥、平安的"拜（辞别）亲茶"，还要在路途喝"拦轿茶"和食用茶水煮熟的"拦亲（轿）蛋"。清代瑶家嫁女就有"每逢嫁女……晚布席房中，命新妇煮茶名闹洞房"的礼节，还有称"过礼茶"，有些地方又称"安媒"，就是在嫁女前男方家要准备米酒、猪肉、衣物、首饰等"挑茶担"送至女方家。之后便是送"日子"，男方择定结婚的良辰吉日，由父母陪同带上双方定亲时商定的礼金到女方家。之后，男方家举行"亲家上门"仪式，邀请女方家中的父辈前来做客，促进两家互相熟络，增进两家的情感。经过这些仪式之后，男女双方便等待喜庆的结婚日子的到来（图 8-2、图 8-3）。

"坐歌堂"是瑶族一种普遍的民间茶事活动，顾名思义就是坐在家中围着火塘喝茶唱歌，但重点是唱歌而不是喝茶，主题是表达情感，是瑶族青年谈情说爱的场景。但凡是生日寿宴、建房进伙、结婚喜庆等都会有亲朋好友上门祝贺，特别是结婚，更是必须的节目，结婚日当天和第二天晚饭后，升起篝火，

图 8-2　瑶族婚嫁送茶礼

图 8-3 迎亲

熬一锅浓茶，新郎新娘双方、男女青年分别唱着瑶歌寻找各自理想的对象，邀请对歌。通过"坐歌堂"这种对歌的方式，互相了解对方情况，互诉爱慕之情，一旦达到情投意合，便给对方"敬茶"，互赠信物即为订婚。"坐歌堂"一般都有一套较为完整的歌序，即序歌（邀歌）、请歌、劝歌、赞歌、对歌、排歌和送歌等七道程序，歌堂文化随着程序的推进逐渐进入高潮，席中男女通过对歌互相认识、互相了解、互相倾诉，传达彼此情感和思想，表达对美好爱情和生活的向往（图 8-4）。

图 8-4 瑶族"坐歌堂"

每年的农历十月十六是瑶族的盘王节，是瑶族人民最为隆重的共同节日。相传瑶族先民在乘船漂洋过海时，遇上狂风大浪，船在海中漂了七七四十九天不能靠岸，眼看就要船毁人亡，这时有人在船头祈求始祖盘王保佑子孙平安，并许下大愿。许过愿后，风平浪静，船很快就靠了岸，瑶人得救了。靠岸这天正好是农历十月十六，恰好又是盘王的生日，瑶民就把这一天定为"盘王节"。瑶族人民祭祀盘王主要是表示对祖先的怀念、为子孙消除灾害、降福临祥、过上美好日子的愿望，祭祀活动有固定的仪式和程序。在这一天，人们打糍粑，杀猪宰羊，献上牲畜和净茶等祭祀品，并抬着盘王的雕像，唱起盘王大歌，跳起长鼓舞，人们自发地游行，瑶族人民用这种古朴而厚重的礼仪祭祀着瑶族的祖先。1984年，经广西（全国）瑶族研究学会决定，将每年农历十月十六盘王节定为全国瑶族同胞的共同节日。1990年，南岭地区瑶族代表联席会议提出由湘粤桂三省（区）十个瑶族县（市、区）每两年轮流举办瑶族盘王节，后更名中国瑶族盘王节，统一了盘王人像、盘王旗、盘王歌、祭文和礼仪。2015年农历十月十六，第十三届中国瑶族盘王节在江华瑶族自治县盘王殿广场隆重举行，盛况空前。目前，盘王节、长鼓舞、盘王大歌等瑶族特色文化已被列入国家级非物质文化遗产名录（图8-5、图8-6、图8-7）。

图8-5　盘王节祭祀活动唱《盘王大歌》

图 8-6　每年盘王节举行祭祀活动跳长鼓舞

图 8-7　民间祭祀跳长鼓舞

第三节　茶的药用

　　《神农本草》记载："茗，苦茶，味甘苦，微寒，主治瘘疮，利小便，祛痰温热，令人少睡。"这主要讲茶的药用。陆羽在《茶经》中记载："茶之为用，味至寒，最宜精行俭德之人"，茶不仅是可以解毒的药物，而且给茶赋予了道德意义，被赋予更多审美和文化层次意义。因此，茶被发现最早是为药用，然后才是饮用。其实瑶族人民早就认识到这点，不少专家提出，黑茶的发现可能源于瑶族，历史上安化、新化等地也是瑶族迁徙之地，瑶民在上千年的迁徙历史及与大自然作斗争的实践过程中，逐步适应了瑶山的自然条件，利用满山的野生茶制作了黑毛茶，他们发现这种野生茶做的黑毛茶既可以作饮料，又是很好的良药，饮用后身体特别舒服。陈年老茶可以医治积热、腹泻和心脾不舒等症，具有解油腻、助消化、提神、祛湿祛瘴、防治肠道疾病，还具有洗伤口、敷治枪伤烧伤和毒蛇咬伤等消炎的功效。所以瑶族人民一直把这种苦茶当作家庭生活必备品，瑶山湿气、寒气重，有时甚至还有瘴气，喝苦茶主要是祛湿、祛寒、祛瘴，驱除疲劳，增强耐力，延年益寿。瑶民自己做的苦茶越放味道越醇香，药用价值也越高，用五六年的老苦茶泡澡，能治好感冒，且通体舒畅、神清气爽。瑶民自己保存用的茶一般黑黑的，有些人以为是茶叶不干净，其实这是放了几年的老苦茶，很是珍贵，不是贵客主人还舍不得拿出来。

瑶族民间流传用茶治疗感冒，在谷雨期间采集的谷雨茶被瑶胞们视为预防和治疗伤风感冒等疾病的良药，以一握苦茶与食盐置锅中炒至渣渣作响后再加水热煮，用以擦洗身体，或入浴盆洗一个茶水澡，边洗边加热水，直到额头冒出汗珠即可，擦干身上的水迹和汗珠，躺床上睡一觉醒来，身体便舒服很多。瑶族民间还常用揾蛋驱寒湿，头昏脑胀时，可将谷雨茶和一枚鸡蛋同时放入瓷罐中，加适量水，再放在火塘前煨烤，待鸡蛋熟透，去壳去蛋黄，捣碎蛋白，再将一个小银制品放在鸡蛋白的中间，包紧裹好放入瓷罐茶水中加热到烫手时，趁热在患者额头部位来回滚搓，打开小包，取出小银制品，可见银制品变成乌黑色，这就是民间所说的寒湿。用灶心灰将乌黑的小银制品擦干净，放回蛋白中，包好扎紧继续滚搓，重复以上操作直到小银制品不再变色，表明患者头部的寒湿已驱净，此时的患者会感觉格外轻松。在人身上其他部位进行滚搓，还可以治疗关节酸痛、全身不适等疾病。众所周知，茶是中外公认的健康饮料，不仅具有良好的养生保健功效，而且随着科技检测方法的进步，已证实茶对某些疾病有着确切的防治作用。

第九章
诗歌联赋

　　聚居江华境内的瑶族，有高山瑶（过山瑶）、平地瑶、梧州瑶、七都瑶和八都瑶等。瑶族同胞有三大爱：喝酒、喝茶、唱歌。瑶族是一个崇尚歌的古老民族，"无事不成歌，无处不有歌"，男女婚嫁要唱歌，上山砍柴要唱歌，村寨之间要赛歌，瑶人"以歌觅友""以歌传情"，如瑶族的《盘王大歌》、瑶族民间歌谣、诗歌等。这是千百年来流传下来的民族传统，瑶族女孩从小就能歌善舞、温情浪漫，著名歌星田震就是瑶族人。著名作家叶蔚林 20 世纪六七十年代下放江华体验生活，江华的山水与歌谣给了他创作的灵感与源泉，以江华为背景创作了著名长篇小说《在没有航标的河流上》和经典歌曲歌词《挑担茶叶上北京》《洞庭鱼米香》等作品。瑶族又是一个爱茶的民族，歌中有茶，茶中有歌，正如瑶族的山歌唱道："身浴朝阳头戴花，小村溪畔笑声哗；姑娘本是瑶家女，一担歌声一担茶。"

第一节　非遗传承《盘王大歌》

　　瑶族《盘王大歌》据说源于唐宋时期，现已申报为国家级非物质文化遗产。它是瑶族在"还盘王愿"活动中所唱的各种歌谣总集，是瑶族保存最完整的史诗，瑶族人民通过传唱将民族的历史和文化代代相传；它是瑶族人民热爱生活的一曲赞歌，内容包罗万象，人类起源、瑶族历史、人物风俗、生产生活、男女之情等都是歌唱的对象，各地有多种不同的版本，篇幅不一，唱词都在3 000行以上，其中有关茶歌部分共有八首，现摘选如下：

荷叶杯曲

荷杯泡茶叶靠边，
叶靠边；
叶靠杯边满杯转，
叶沉杯底像荷莲。
荷叶杯中像真荷，
哪有荷叶这般黄？
郎饮香茶到天光，
拱手辞别众老乡。
老人你请坐，
老人请坐我回乡，
难舍难分愁断肠。
茶座当中扯家常，
路上摘果不曾尝，
带回家中敬爷娘；
弟教弟媳哥教嫂，
大家孝顺养爷娘，
生男育女断肝肠。

日出早

是妹情人是别人，
有情告娘煮午茶；
煮得午茶无香果，
屋后杨梅暗开花。

梅花曲

风过树头树尾摇，

茶山脚下种红桃，

谁说红桃不结果，

红桃结果半天高。

风过树林不过脚，

茶山脚下种旱禾，

禾熟大王来饮酒，

丰收大王来唱歌。

夜深深

夜深深，点火进房照绣针；

灯火下面穿针线，好花绣在裙脚边。

夜深深，点火夜行茶山林；

进山不是为喝茶，只望香茶来联姻。

夜深深，脚底无鞋冷透心；

望妹开门让郎进，无床睡觉也领情。

注：此歌反映瑶族男女青年自由恋情。瑶歌从始至终贯穿歌唱和赞美这类主题，以歌为媒，是瑶族青年自主婚恋的表现，情歌成为瑶族青年婚姻的媒人，以歌抒发纯真无邪的男女恋情，这是《盘王大歌》的显著特色。

万段曲

郎到湖南来做客，

辞别爷娘离开家，

人来客往要煮茶，

莫说孩儿不在家。

郎离家乡年十五，

朝朝暮暮想亲人，

乡亲人多想不尽。

南风毛毛雨，

勒起马头家乡回，

官人要饮远程酒，

郎饮新茶一杯杯。

先喝好酒后喝茶，

路远难行山难下，

手捧茶杯泪巴巴，

深谢主人下马茶。

飞江南曲

爷娘生女年十六，

爷娘出门好叮嘱，

人客来往要煮茶，

莫说爷娘不在家。

亚六曲

写信回家禀大姐，

人来客往要煮茶，

莫说亚六不在家。

　　《盘王大歌》中保存了瑶族七支古老的曲牌，即"七任曲"，如以上《荷叶杯》《梅花曲》《万段曲》《飞江南》《亚六曲》等。曲是有固定句式，讲究用韵，是瑶族歌谣中艺术水准较高的一种表现形式，也是瑶族重要的文化遗产，是瑶族爱情、生活和对自然认识的写照。例如，《梅花曲》从歌词中说明瑶族人民经过实践，很早就已经认识到种在高山上的茶叶比种在平地的茶叶品质更好一些，这与我们现在提倡绿色生态种植是一个道理；《亚六曲》虽然煮茶待客是瑶家的传统礼节之一，但因我不在家，所以要嘱咐大姐，只要别人进家门都是客，煮茶上茶待好客，说明瑶家人具有善良的品格及良好的美德。

桃源洞歌

吃桃要进桃源洞，

要吃香茶进山村，

要吃鲤鱼三江口，

悠悠琵琶进桃源。

注：此歌反映瑶族先民曾经居住平原地区的美好生活，并很早掌握了制茶等生产技能，后来由于受压迫，被迫离开了美丽的桃源洞。

第二节　瑶族民间歌谣

摘茶歌（节选）

正月桃树才开花，山中茶树没含芽，不能等着摘茶叶，哥妹一同把土挖。

……

五月茶林绿茵茵，哥会情妹进茶林，泡碗浓茶给哥吃，浓茶苦口甜在心。

六月摘茶红火天，茶叶不细可新鲜，哥哥莫嫌茶粗了，样子粗来茶味甜。

注：《摘茶歌》既唱出了瑶族人民种茶、采茶、制茶、喝茶的生产劳动和生活情景，表达了瑶族人民对茶的喜爱及对幸福生活的追求，又以绿油油的茶林来借景抒情，以事寓情，抒发歌唱了青年男女之间的爱慕之情，歌词情绪饱满，尤具特色。

节气歌

三月清明谷雨节，满山茶树冒针叶。

片片青茶迎姑娘，姑娘两手忙忙摘。

三月清明到谷雨，过了清明撒稻秧。

谷雨采茶茶正香，哥背犁耙把田翻。

注：《节气歌》歌词将时令节气与农事生产相结合，是一首叙事歌，总结出瑶族人民在生产劳动中积累的气象知识、耕作技术和生产经验，这是一首瑶族生活、生产的真实写照，具有很强的实用性。

情歌系列

情歌是瑶族歌谣中最多的，瑶族以茶传情，以茶抒发情感，歌词朴素、爽朗、真挚，洋溢着浓郁的山野气息，充满了热烈的生活情调，是对爱的讴歌、对情的释放，是瑶族儿女思想感情的真实表达，集中反映了瑶家人的恋爱观和婚姻观，表现出瑶家人乐观向上的意识。

细细茶叶细细喝，细细茶叶煮一锅。

情妹来了喝一口，千杯万杯不嫌多。

　　难为弟，难为情弟筛杯茶。

没成吃茶看碗底，碗底有朵龙凤花。

喝口甜茶甜到心，难为情哥礼仪新。

难为情哥好心意，多谢情哥好心情。

高山茅路难修开，路远情妹难得来。

千金小姐难得到，凤茶龙水难得筛。

吃茶难为筛茶哥，吃酒难为酿酒人。

种田难为天落雨，连双难为妹钟情。

吃茶难为泡茶妹，吃水难为烧水人。

吃饭难为天落雨，吃菜难为种菜人。

吃茶莫把茶碗空，吃酒莫把酒壶干。

酒壶干了街上打，歌声断了好为难。

　　细问妹，问妹甜茶是苦茶。

甜茶种在开阳岭，苦茶种在背阴崖。

　　妹答声，不是甜茶是苦茶，

甜茶种在开阳岭，苦茶种在背阴崖。

小妹筛茶就讲茶，问妹甜茶是苦茶？

甜茶攀过几重岭，苦茶越过几重山？

阿哥接茶就讲茶，阿妹家中无甜茶。

甜茶生在千金府，苦茶生在穷人家。

芙蓉牡丹也是花，粗茶细茶都是茶。

沙子久了结石板，冻妹久了成鸳鸯。

好烟吃口满天香，好茶喝口心里凉；

好酒喝盅昏昏醉，好花一朵满城香。

八月中秋看月亮，哥出月饼妹出茶；

妹讲月饼粘牙齿，哥喝浓茶精神发。

瑶山九冲十八岭，冲冲岭岭披绿衣；

山山岭岭出新茶，满山金来满山银。

白毛尖茶喷喷香，清明时节采茶忙；

采包好茶送北京，表我瑶家一片心。

龙湾苦茶妹来煨，阿哥进屋酌一杯；

阿哥好比过山鸟，千年难得来一回。

口干莫喝凉井水，等到阿妹送茶来；

路边有花哥别采，到了八月桂花开。

白毛尖茶喷喷香，清明时节采茶忙；

采包好茶送北京，表我瑶家一片心。

献歌

花过无计茶来献，

茶来排献众神仙；

茶在高山清净茶，

清水流来绿水长。

众官来吃偷含笑，

吃了茶来透雪凉；

不信众官吃一盏，

众官吃盏心里欢。

为吾家主今日茶来献，

茶来排献众神仙，

复望众官茶来献。

江华苦茶

王威廉

大叶苦茶尔雅传，何年始种瑶山巅；

至今不减皋芦味，一片煎开五岭泉。

采茶歌

二月采茶茶发芽，姊妹双双去采茶；

大姊采多妹采少，不论多少早回家。

三月采茶茶叶新，娘在家中绣手巾；

两头绣出茶花朵，中间绣出采茶人。

七月采茶茶叶稀，茶叶稀时整素机；

织得绫罗三两丈，与郎先制采茶衣。

第三节　苦茶联赋新歌

联说江华苦茶

李垂庆

（一）题盘王苦悟茶道联

道上错尝千脚毒，昏中熬命犹半度；

夜间偏赐几珠露，醒后悟茶又一壶。

注：千脚毒即千足毒虫。

（二）题悟茶长作诗联

茶水茶山，茶苦茶甘，叠叠层层古遗韵；

悟黄悟黑，悟青悟白，红红绿绿长作诗。

注：此联为自对联。

（三）题李兴祥茶艺师

青茶雅兴炒毛尖，分等下锅勤清地；

白李兴祥腾岚梦，干柴调火快扬天。

（四）题江华苦茶

山志诗心，南瑶华月沱江醉；

地标农眼，西汉苦茶牯岭牛。

（五）题江华苦茶园联

瑶水无暇，三碗茶香寒笛恋；

华云有约，九江客醉苦园依。

注：九江指江华境内的九江。下同。

（六）题唯茶挚爱联

史鉴写诗，言行圆梦，三餐无酒乾坤转；

上山双腕，来客数缸，一日少茶横纵愁。

注：此联为自对联。

（七）题瑶都红

源在云南，根于萌渚，汉墓苦茶千年越；

珍藏妙曲，德养甘泉，瑶都红韵一瓯承。

注：此联为自对联。

（八）题湖红三号

湖光红亮三杯醉，山色白尖四季香。

注：白尖指江华白毛尖茶。

（九）题潇湘红

一缕浓鲜，红炉煮出潇湘梦；

九江甘苦，绿水融通天地情。

（十）题龙湾苦丁茶

火泡犹香，莫愁茶叶丁丁苦；

精扶更富，最觉龙湾个个康。

牛牯岭采茶

黄先德

（一）

西河一路碧山迎，跨出瑶城眼更明。

车辆奔驰背篓抢，反光镜显丽人行。

（二）

春风浩荡谷陵苍，郁树娇娆溢叶香。

万片绿云高矮翠，花裙美出采茶娘。

（三）

茶叶飘香醉万民，四方贾客喜光临。

山融碧杉呈春景，风撼红球送福音。

长鼓咚咚姿势美，瑶歌阵阵字词新。

今栽桐树招鸾凤，牛牯丘陵好掘金。

注：江华首届茶文化节观后感。

咏茶

李鹏

人生七十壹壶茶，款待客人不离她。

春养精神冬养气，茗香醉美醉江华。

江城子·牛牯岭茶场观感

贾跃平

徐日东升去绿庄，意飞扬，奔前方。

雾绕茶场，鸟语花香，更有对歌添乐趣，人满岭，采茶忙。

四十年前下此乡，垦荒山，种茶欢。

嫩叶丰收，又炒手揉香。茶厂今成机械化，惊殊异，暖心房。

瑶家女采茶

贾跃平

（一）

春风浩荡百花香，瑶寨姑娘上岭岗。

一曲欢歌开口唱，青茶随手进篱篮。

（二）

瑶山绿海映朝霞，嫩叶春风满山崖。

背篓银铃羞佼女，芊芊玉指琢新芽。

（三）

清明谷雨天，茶树换新颜。

瑶妹背茶篓，去采白毛尖。

咏江华苦茶

奉恒康

苦茶不苦味芳香，高山高岭杨风光。

骥马伏枥志不老，只缘情趣系茶桑。

采茶歌舞茶文化，解渴清茗含馥香。

茶艺茶道瑶山美，融情融义颂古今。

忙时不忘茶提神，闲来听起采茶歌。

交际当用茶引路，喝茶不忘采茶人。

凉茶凉心和胃，热茶提神升津。

瑶山苦茶解毒，粗茶淡饭益身。

茶联

奉恒康

瑶山苦茶香飘四海，

瑶都情谊传播九州。

江华山中产苦茶，

瑶民家中聚贤良。

难怪江华春茗盛，

只缘瑶姑采茶乐。

岩奇唯有清泉水，

山高自然生苦茶。

苦茶未经三月雨，

尖叶新占一枝春。

寒泉长生苍蒲水，

活火时煎于苦茶。

自古煮酒论英雄，

由来苦茶论良贤。

茗清江华云雾里，

酒醇瑶家葫芦中。

舍底朝朝清茗味，

句中字字采茶诗。

二人对饮邀明月，

一盏苦茶酬知音。

喜得凉泉煮新茗，

观看茶山入画屏。

茶道迎宾心常热，
酒过人去茶不凉。
苦茶融融茶文化，
醇酒融融论武功。
茶艺茶道茶文化，
益世益得益身心。
粮食充饥康身强体，
苦茶解渴益寿延年。
有茶不喝然安泰，
无虞少忧自康乐。
茶中文化酒中趣，
山间画屏心间乐。
忙里偷闲茶清困，
苦中作乐酒解愁。
高山珍馐茶益世，
袤川广味米养人。
香气来于叶尖上，
醇味出自石泉中。
酒满杯喜看醉意，
茶溢醇乐观挚情。
只缘挚情成情趣，
皆因茶饮换心声。
粗粮细粮粮田粮川以粮为体，
苦茶绿茶茶艺茶道数茶当先。
来来去去无拘无束方便地，
吃吃喝喝话长话短自有天。
漫步茶林思情人，
闲登雅客品香茗。
高山流水千秋笔，
瑶寨苦茶万里飘。
寒夜客来茶当酒，

竹炉汤沸火初红。

闲来无事一杯茶，

知足常乐石两块。

春水花上露，

水吸石上泉。

大碗茶

袁继章

麻丸粿，爆米花，堂屋泡起大碗茶；

亲朋好友常相聚，谈天说地解疙瘩。

一碗水，二碗茶，三碗四碗尽你呷；

苦茶润喉精神爽，以茶会友情谊佳。

咏江华茶

杨茂林

江华三月好风光，茶女歌声雾里扬；

巧手双双频舞动，采出幸福万年长。

苦茶味苦能开图，自是神农立此功；

化谷消食千载好，健康长寿献深情。

江华好茶白毛尖，天下扬名已久传；

多少黎民勤奋斗，换来福寿满入间。

《江华苦茶》主题歌

2019 年 4 月 26 日至 5 月 5 日，江华瑶族自治县举办首届神州瑶都（中国·江华）茶文化旅游周暨江华苦茶产业发展高峰论坛活动，为此创作了两首主题歌。

（一）江华苦茶

陈永祥 词

滋养着潇湘源头水，长出了云雾润的芽。说苦苦后甜，说香香独特；进过马王堆，到过古长沙。有人叫你大碗茶，三碗四碗仍然是精华。江华苦茶，根在瑶家；江华苦茶，誉满天下。野生的宝贝，湖湘的奇葩，独特的水土孕育了独特的苦茶。

守候着五岭逶迤山，等来了春雨把爱洒。因苦而著名，因香而流芳；上过丝绸路，走过古茶马。有人叫你梗梗茶，祛湿驱寒清疲又解乏。江华苦茶，根在瑶家；江华苦茶，誉满天下。泡的是安康，喝的是融洽，千年的苦茶传承了千年的文化。

（二）茶门一开幸福来

陈永祥 词

风也悄悄来，雨也悄悄来，梧岭南屏茶门开。长桌摆起来，大碗茶捧出来，瑶家的待客最呀最实在。茶门一开幸福来。茶门一开你就来，瑶家赶上了好时代。满山的故事，满山的情怀，还有满山的喜悦等你来采摘，茶门一开幸福来。

云也悄悄来，雾也悄悄来，潇水源头画卷开。茶歌唱起来，长鼓舞跳起来，浓浓的茶香飘呀飘天外。来把阿妹心思猜。茶门一开你就来，瑶家赶上了好时代。满山的故事，满山的情怀，还有满山的喜悦等你来采摘，茶门一开幸福来。

江华苦茶赋

张瑞云

江华苦茶，乃瑶民之饮，入口则苦，先苦后甜，乃人生之写照。苦茶生于石缝，乃为极品；瑶民居于苍梧，自而勤善。与茶为伴，身心安康。

苦茶之苦兮，植茶于冯乘；苦茶之福兮，脱贫于圣物。生娇贵之芽头，成美味之佳饮。

苦茶之史兮，源于盘王，盛于西汉，伴于利苍，现于马王堆。

苦茶之保健，清热解毒，防止感冒，舒脾健胃，聪耳明目，提神补气，防治龋齿。常年饮之，身心安康，心旷神怡。持之以恒，家庭和睦，国泰民安。

苦茶之天性，先苦后甜，人生写照。畅饮湘江水，细品源头茶。漫游瑶都寨，悠悠民族情。噫吁兮！苦茶如斯，其饮陶然。

水调歌头·潇湘红

罗向上

欣闻湖南省茶行业几代专家从江华苦茶（乔木型）古树茶中选育出高咖啡碱红茶优良品种——21-1，现江华瑶山大田种植表现良好。故邀湖南省茶叶研究所郑研究员、湘茶集团刘学生一起赴江华实地考察，试制工夫红茶。试制用21-1夏茶一芽三叶，其制成的样品，品评时开汤加奶，其色粉红明亮，其味甜香绵柔，实属湖南产一芽三叶工夫红茶珍品，为湖红几十年罕见。故异常兴奋，遂填词作记。

昨读苦茶志，
今奔大瑶山。
潇湘红多少事?
老树焕童颜。
朝缘岩梯采叶，
暮归木坊护芽，
欢歌上峰端。
云雾绕青垄，
工匠入民间。

篾床静，
揉桶摇，
酵温飚，
历数道工序，
重生昼夜酣。
苦寒酿出香甜，
岁月倾注辛酸，
大师心愿还。
茶事越千年，
举杯天地宽。

[第⑩章] 茶梦江华

第一节　富民产业

　　青山如黛，和风拂面，站到江华瑶族自治县涔天河镇南源茶叶专业合作社的茶叶基地茶园高处，从上往下看，一片片茶园吐出新芽，层层叠叠，犹如置身绿色海洋，温暖的微风中飘来阵阵茶香，听着采茶女们唱着《茶香瑶寨》等歌曲，让人精神振奋。

　　江华瑶族自治县具有种植茶叶的优良自然环境，土地肥沃，气候适宜，种茶历史悠久，早在2 500年前就有文字记载。五代时期，毛尖茶已被列为贡品，当地瑶民一直把苦茶作为家庭生活必用品，有相当一部分瑶民从事茶叶生产。江华苦茶因其特异的品质，深受消费者喜爱。2013年，经农业部认定，"江华苦茶"为第二批农产品地理标志登记产品；2016年，江华苦茶成功申报国家地理标志证明商标。

　　近年来，江华瑶族自治县委、县政府高度重视发展江华苦茶产业，把茶叶产业作为江华的富民产业、绿色产业和可持续发展的产业纳入全县的产业战略布局规划中。江华瑶族自治县第十一次党代会上明确提出"四大战略、五个打造"，要加快农业产业化发展和着力打造绿色农业基地，并把发展名优茶叶产业列入"十三五"期间的规划目标，研究出台了《关于加快茶叶产业发展的实施意见》《江华瑶族自治县产业精准扶贫规划（2016—2019）》，出台了《江华瑶族自治县江华苦茶产业发展实施方案（2018—2020年）》等。明确了"政府引领、企业主导、社会参与"的原则，出台了多项措施，为江华茶叶产业发展提供了良好的政策环境，重点建立健全了江华苦茶产业发展补助措施，形成了完善的全产业链补助体系。通过不断拓展江华苦茶产业链价值，开展以茶文化为主题的瑶族特色茶旅活动，大力挖掘瑶茶文化的发源地，将文化产业、茶产业、旅游业相结合，以茶旅推动瑶都文化产业和江华茶叶产业的发展。一头连着千万茶农，一头连着亿万消费者，助推茶农增收，为消费者造福，一座座茶山、一片片茶园加快了茶农脱贫的步伐。茶产业的持续发展，不仅解决了千万茶农增收问题，也为大瑶山农村转变经济增长方式提供了新思路，江华苦茶产业链的延伸，更进一步拓展了江华苦茶产业作为一项富民产业的真正内涵，使更多人投入到这项产业中。目前，全县茶叶种植面积达到 4 667 hm²，加工企业 48 家，共有茶农、贫困户、留守妇女、留守老人等近 3 万多人直接从事茶相关工作，全县年加工生产茶叶超过 2 万 t，茶产品远销北京、东南亚等地，带动当地 3 万多人实现家门口就业，产值近 3 亿元。苦茶产业作为一项特色产业，成为大瑶山茶农收入的主要来源，成为当地脱贫致富、开创美好生活的富民产业（图 10-1 ～图 10-4）。

图 10-1　规模化标准茶园

图 10-2　高山茶园

图 10-3　参加博览会等展销活动

图 10-4　举办产业发展论坛

第二节 产业布局

江华瑶族自治县委、县政府提出加快构建茶产业、茶经济、茶生态、茶旅游和茶文化互融共进、协调发展的现代茶产业体系，力争把江华瑶族自治县建成我国最优、最大的红茶生产基地及研发中心。近年来，江华瑶族自治县茶产业迎来了快速发展阶段，生产规模不断扩大，茶园面积增加，茶叶产量和质量均得到提高，"江华苦茶"公用品牌建设稳步加强，涌现出一批龙头企业和知名企业品牌；全县投身江华苦茶产业的热情持续高涨，企业、茶农收入普遍稳步提升，逐步形成了"一园二心三带"发展格局。

"一园"：即江华经济开发区茶叶产业园。重点扶持本地企业，同时引进省内外大型茶业公司和行业外资本投资建厂，规范整合现有中小型茶叶加工厂，逐步形成高山有机红茶、绿茶为主要产品的加工产业园，目前注册资金1亿元的湖南瑞鑫源茶业有限公司已经进驻产业园。

"二心"：指的是江华苦茶科技创新工程中心和江华苦茶文化展示中心。整合湖南省茶叶研究所和江华县龙头企业创新技术中心资源，创建江华苦茶科技创新工程中心。该创新工程中心建设包括江华苦茶科学研究院和江华苦茶良种繁育中心，主要开展支撑江华茶产业发展的关键技术与产品研发，目前江华苦茶科学研究院和江华苦茶良种繁育中心已挂牌成立，技术依托单位为湖南省茶叶研究所和湖南农业大学茶学系等单位，开发及示范依托湖南品概茶业有限公司和冯河大龙山现代农业开发有限公司等实体企业。江华苦茶文化展示中心将建设瑶茶博物馆、瑶茶系列产品展示区、瑶文化表演区等，既能满足茶文化与旅游文化融合交汇发展的功能性，又能具有接待国内外茶业界贵宾从事茶文化交流、形象展示的能力，还能在商品贸易交流中有浓郁的地方特色，江华苦茶文化展示中心将结合江华瑶族自治县文化及旅游部门协调负责运营。

"三带"：指的是以加工优质湖红为主、以种植江华苦茶品种（资源）为主的岭东茶叶带；以加工优质绿茶、白茶为主，种植安吉白茶、黄金茶、黄金芽等其他特异品种为主的岭西茶叶带；以彰显瑶族文化和自然风景为主的涔天河沿河茶文化旅游休闲观光产业带。目前，龙头企业江华瑶族自治县冯河大龙山现代农业开发有限公司正在努力打造涔天河沿河茶文化旅游休闲观光产业带。

在规模以上茶叶企业硬件建设方面，江华瑶族自治县大力引进和应用标准化、清洁化、安全化、规模化、现代化、自动化茶叶加工生产线，加快中小加工厂提质扩容改造进程。着力扶持建设茶叶集中优势产区的标准化示范加工厂，提升茶叶质量安全、加工水平和生产能力。目前，在全县 14 个重点乡镇建设 16 个标准化初制加工厂，其中大锡乡、大圩镇、涛圩镇、沱江镇、桥市乡、涔天河镇（东田）等 6 个乡镇现各已建成 1 个标准化初制加工厂；涔天河镇（花江）、码市镇、水口镇、蔚竹口乡、小圩壮族乡、沱江镇、河路口镇、涛圩镇、大路铺镇、大石桥乡等 10 个乡镇各规划新建 1 个标准化初制加工厂。计划到 2020 年，重点创建 10 家标准化示范加工厂，引进自动化生产线，提高加工能力。

在茶叶企业资本运营及经营体制方面，全县通过优化资金、项目、金融、服务等资源要素配置，培育壮大龙头企业，以龙头企业为核心，引导支持创建现代农业（茶叶）特色产业园及集聚区。支持涉农企业对接资本市场，大力培育上市后备资源，鼓励支持茶企业股份制改造，并在省区域性股权交易市场挂牌。加强各类主体联合、利益联结，推动茶农、加工企业、营销主体形成联合体或与大型龙头企业合作。支持加工企业以订单、合同、股份等为纽带与农民专业合作社、茶农合作开展规模化生产经营，着力提升龙头企业对产业的带动力。

通过一系列的努力，目前江华苦茶已形成以冯河大龙山现代农业开发有限公司（图 10-5）、湖南茗都生态茶叶有限责任公司（图 10-6）、湖南瑞鑫源茶业有限公司等茶企为代表的一批集茶叶种植、加工、营销为一体的茶叶企业群。计划到 2020 年，全县培育扶持龙头企业 14 家以上，其中引进国家级龙头企业 1 家以上、创建省级龙头企业 3 家以上、市级龙头企业 10 家以上。

图 10-5　冯河大龙山现代农业开发有限公司（茶叶加工厂）

图 10-6　湖南茗都生态茶叶有限责任公司（牛牯岭茶场）

第三节　品牌发展

根据湖南省委、省政府"打造千亿茶产业，助推乡村振兴"的战略决策，江华瑶族自治县立足本地实际，大力发展茶叶产业，结合瑶族文化继承发展和江华苦茶特异资源综合开发，着重打造"江华苦茶"公用品牌，在打造品牌方面主要做以下几个方面工作。

一、挖掘利用"江华苦茶"瑶茶文化

加大江华苦茶、瑶茶文化的挖掘力度，营造良好的"江华苦茶"文化氛围。加大县域范围内的古茶树的保护和利用，保护和建设"江华苦茶"古茶观光带。传承瑶族文化精髓，支持创作以江华苦茶为主题的"三个一工程"即一台戏、一首歌、一本书，每年举办大型茶文化活动节一次以上。加速瑶茶文化产业园建设进程，打造一批茶旅融合的生态观光茶园和茶乡小镇，整合茶旅结合精品线路 2 条以上。

二、加强"江华苦茶"公用品牌建设

加强"江华苦茶"公用品牌的打造。引进专业团队对其进行全方位策划设计，依据江华瑶族自治县地域特色和茶叶品质特色，政府引导使用"江华苦茶"公用品牌，而各企业仍可以有自己的注册商标。由江华瑶族自治县农委、江华瑶族自治县茶叶龙头企业和湖南茶叶研究所联合统一制定"江华苦茶"加工标准和质量标准；统一制定"江华苦茶"标识（图10-7）、包装和专卖店标准；统一制定"江华苦茶"宣传文字、视频及茶文化内涵标准。争创全省"十大农业特色品牌"，重点打造"江华苦茶"母品牌加五大企业子品牌。

图 10-7　江华苦茶 Logo

　　加强"江华苦茶"公用品牌统一宣传。联合政府、茶叶协会、企业、酒店等各种行业、组织、窗口进行统一宣传。由政府主办江华瑶族自治县茶叶产业发展论坛、"江华苦茶"茶文化节等茶事活动，扩大影响力和知名度，引进茶企和投资者进入，吸引消费；加大电视、报纸、网络等多种媒体对江华瑶族自治县茶叶行业的新闻报道，制作茶叶专题节目，普及茶叶知识，树立饮茶健康意识；把江华苦茶作为县委、县政府及各部门的首选礼品及日常办公用茶，纳入政府采购。由江华瑶族自治县茶叶协会积极承办茶叶行业的各种展览会和学术会议，加强行业内的信息交流，增强江华茶叶的影响力；举办县域江华苦茶制茶大赛活动，促进企业提高加工能力，宣传公用品牌形象，吸引更多的本地消费者参与；组织企业参加省级、国家级茶叶制作大赛，支持组团参加国内各类展销会，举办春茶开采节、瑶茶文化节、品牌高峰论坛等品牌宣传活动，积极响应承接湖南省茶叶协会年会、湖南省茶叶学会年会等省级茶叶专业会议，扩大在行业内的知名度。由授权使用品牌的企业在销售产品过程中，使用公用品牌标识、包装、宣传资料等标准；企业在参加行业展会时，应使用统一的公用品牌整体设计风格。

　　加强"江华苦茶"公用品牌的管理。实行母子商标管理（公用品牌＋企业商标），公用品牌由江华瑶族自治县茶业协会授权管理。加强茶叶交易市场的监督管理，逐步建立交易市场准入制度。由江华瑶族自治县茶业协会统一标准、统一管理，任何企业和个人未获得江华瑶族自治县茶业协会授权的不得印制"江华苦茶"茶叶系列包装。由江华瑶族自治县茶业协会主持，对市场上销售的"江华苦茶"产品进行检查，协同茶叶办、工商局、质监局等部门严格把守茶叶质量关，打击假、冒、伪、劣产品，保护消费者权益，维护"江华苦茶"

产品的信誉与知名度。

三、注重"江华苦茶"市场建设

实行品牌市场发展战略。建设"2个营销中心、10家旗舰店、100家专卖店",深耕永州市场,成立永州营销中心,利用永州的旅游资源优势,打造江华茶叶品牌,稳打稳扎,开拓全国市场;设立长沙营销中心,积极开发省内茶叶市场;通过政府主导、企业联合等方式,在省外一线城市和全国影响力前十的茶叶专业综合市场,分别建设一家"江华苦茶"旗舰店;鼓励支持本地茶农、茶企在永州、长沙、桂林、广州、深圳等地开设江华苦茶专卖店,其中地级市新开10家以上,省级城市新开4家以上,统一店面招牌、风格等。到2020年,发展建设100家江华苦茶专卖店,构建遍布全国省、市(县)的立体营销网络。

注重网络平台的开发。推进"互联网+江华苦茶"产业深度融合,线上线下互动营销模式,统一在京东、天猫等互联网平台上建立"江华苦茶"区域公用品牌地方馆,支持县内各企业上平台营销。建设"江华苦茶"公用品牌官方网站,由江华瑶族自治县茶业协会具体负责,主要功能是对外宣传;建设企业品牌商业旗舰店和企业官方网站,由永州市茶叶龙头企业具体实施,主要功能是企业宣传及销售。

在产茶重点乡镇建立茶青交易市场试点,并在县城内打造一条茶文化街。以现有毛茶加工和精制茶加工业为基础,使茶叶加工向品牌化、规模化、自动化方向发展;优化加工产业结构,逐步提高有机茶的生产比重,提升独立开发国际市场的能力。

四、健全"江华苦茶"全程溯源体系建设

加快江华苦茶"可视农业+生产监控+全程追溯"溯源体系建设的农业发展新模式,实现生长环境全景化、生产过程可视化、质量追溯数据化。

通过努力,近年来"江华苦茶"品牌获得了长足的成长,2011年获中国中部(湖南)国际农博会金奖,2012年获湖南优秀旅游商品铜奖,2013年经农业部认定为第二批农产品地理标志登记产品,2016年江华苦茶成功申报地理标志证明商标。2016年中国品牌建设促进会审定地理标志产品"江华苦茶"的品牌价值为1.86亿元;2019年为1.91亿元,位居湖南茶叶品牌第7位。

第四节　十年可期

到 2020 年，国家已明确全面建成小康社会总体目标。农业产业发展是农村实现全面建成小康社会的直接依托。全面贯彻落实党的十九大精神，坚持以习近平新时代中国特色社会主义思想为指导，随着全省全力推进"打造千亿茶产业，助推乡村振兴"的战略决策，紧抓"湖红"产业化和湖南省"一县一特"战略目标，湖南省委、省政府将江华瑶族自治县确定为全省重点产茶县支持。随着惠农强农的更多政策措施的出台，江华瑶族自治县委、县政府更加强化茶产业一号产业的发展力度，明确提出要努力引领"湖红"和湖南省"一县一特"产业发展目标，将江华打造成优质湖南红茶"湖红"产品生产加工中心、批发交易中心和集散地。

富强是中国的梦，幸福是百姓的梦，未来我们将制定并进一步完善《江华瑶族自治县茶产业发展规划》，遵照县委、县政府打造茶产业一号产业的战略决策，增大投入，优化服务，支持、推进茶产业的发展；进一步优化江华茶叶区域布局和产品结构，加快建设一批标准化茶叶生产基地，扩大产业规模，拓宽加工领域，培育龙头企业，打造"江华苦茶"区域公用品牌，构建现代流通体系，丰富茶文化内涵。全面推进江华茶产业提质升级，促进茶产业可持续健康发展，为实施乡村振兴战略和带动农民增收脱贫致富发挥更大作用。

一是打造 1 个茶苗出圃能力达到 1 000 万株以上的良种茶叶繁育基地，建设生态茶园 6 667 hm² 以上，培训技术人员 1 000 人以上，筛选潜力品种 2～3 株，开发出口产品 2～3 个。按照良种化、规模化、标准化、生态化的要求，重点建设好以涔天河镇、桥市乡、涛圩镇、大圩镇、小圩壮族乡、码市镇、大锡乡、蔚竹口乡、湘江乡等为核心的茶叶产业带。

二是建设标准化初加工厂 16 家，精深加工厂 1 家，红、绿茶兼制自动化生产线 1～2 条。其中年茶叶加工红、绿茶 9 000 t 以上，其中条形红茶 1 200 t、红碎茶 5 000 t，成为优质湖南红茶"湖红"产品生产加工中心、批发交易中心和集散地；名优绿茶 800 t，大众绿茶 2 000 t，实现年加工业增加值 1.99 亿元。

三是通过引进或竞争培育 5～10 家龙头企业，培育扶持茶叶产加销龙头企业 8 家以上，其中争创国家级龙头企业 1 家以上、省级龙头企业 2 家以上、市级龙头企业 5 家以上；建立以省、市级龙头企业为核心，以乡镇骨干企业为主体的企业布局，加强引领茶叶企业供给侧改革，引进或发展茶饮料、茶叶提取物、茶食品等生产企业，加强培育外贸型企业。争取茶叶综合产值达到 10 亿元。

四是发展建设 100 家江华苦茶专卖店，构建遍布全国省、市（县）的立体营销网络，打造一个茶叶区域公用品牌——"江华苦茶"，重点打造"江华苦茶"系列品牌产品红茶、瑶茶等，立足湖南市场，实施品牌营销战略，从日益竞争激烈的茶业市场中，逐步建立一个健康、完善的市场营销体系。

到 2030 年，全县茶叶产业区域布局进一步优化，初步完成"两带一区"产业布局（即岭东高山生态化产业带、岭西规模标准化产业带和野生古茶树保护区）。茶类布局以优质红茶为主，绿茶、瑶茶和黑茶为辅，力争打造成为湖南高品质特色红茶生产、贸易、科研和文化中心。实施"江华苦茶"转型升级"四大"工程：即茶园"百千万"工程、加工提质增效工程、品牌塑造提升工程、科技创新引领工程。每年新建茶园 666.7 hm^2 以上，力争到 2030 年建成生态高效茶园 4 667 hm^2，年综合产值达到 10 亿元以上，让茶产业成为带领江华大瑶山 40 多万瑶民走出大山、同步于时代及实现全面小康梦想的富民产业（图 10-8）。

图 10-8　部分作者 2019 年 10 月于江华苦茶牛牯岭基地

第十章　茶梦江华

附录

附录一　江华苦茶发展大事记

1. 江华历年茶叶面积及产量：1934 年面积 133.3 hm²，产量 42 t；1947 年面积 133.3 hm²，产量 27 t；1950 年面积 270 hm²，产量 90 t；1959 年面积 500 hm²，产量 113 t；1978 年面积 670 hm²，产量 81 t；1980 年面积 702.1 hm²，产量 92 t；1989 年面积 160.8 hm²，产量 58 t；1990 年面积 213.8 hm²，产量 70 t；1991—1997 年面积 246～390 hm²，产量 70～190 t；1998 年面积 420 hm²，产量 167 t；2003 年面积 480 hm²，产量 212 t；2010 年面积 1 506.7 hm²，产量 450 t；2018 年面积 3 586.7 hm²，产量 1 697 t。

2. 公元前 168—前 160 年（汉文帝十二年至后元四年），长沙马王堆 1、3 号汉墓出土有"梜一笥"竹简，经考证即"苦茶一箱"，箱内实物用显微切片分析是茶（周世荣、王威廉发表于《茶叶通讯》1979 年 3 期）。

3. 618—907 年湖南有 9 个州郡产茶，其中包括永州零陵郡，江华属零陵郡管辖（周靖民《陆羽茶经校注》）。

4. 唐宣宗大中十年（856 年）永州零陵郡江华开始有产茶记载，见唐代柳宗元《夏昼偶作》："南州溽暑醉如酒，隐几熟眠开北牖。日午独觉无余声，山童隔竹敲茶臼"，以及《赠江华长老》："老僧道机熟，默语心皆寂。去岁别春陵，沿流此投迹。室空无侍者，巾屦唯挂壁。一饭不愿余，跏趺便终夕。风窗疏竹响，露井寒松滴。偶地即安居，满庭芳草积。"

5. 清乾隆四十四年（1779 年）两岔河石头寨村开始生产江华白毛茶。

6. 清光绪三年（1877 年）《道州志》记载："南路江邑（江华）瑶山内有界牌茶即六峒茶，其味浓苦，其色正红，暑服之，可解渴烦……"

7. 清光绪三十一年（1905 年）《永明县志》记载："古宅之茶叶，可争利于天下。"

8. 民国时期，江华绿茶主产两岔河、桥头（现小圩壮族乡）两乡，约占全县产量 1/5，集散地为大圩、小圩，清明后新茶上市，1 kg 一级绿茶等价于大米 8 kg。黑毛茶占 4/5，主产岭东。

9. 1961 年夏，王威廉、刘宝祥赴江华的水子坳和大圩一带，调查江华苦茶和甜茶，第一次提出了江华苦茶发掘利用的建议。

10. 1963 年，湖南林学院对江华岭东珍稀木本植物进行调查，编辑《湖南木本植物录》一书，发现江华两种茶树：五月茶 Antidesma bunius (L.) Spreng.（江华、莽山），大头茶 Gordenia axillaris (roxb.) Dietr.（江华）。

11. 1965—1970 年，江华苦茶被引种至江华岭西，人工采集种子种植，6.7 hm² 以上规模茶场有两岔河、布里坪、邓家湾、拨干、南下等 15 个茶场，两岔河是江华建成的第一个茶叶加工厂。河路口乡布里坪红星茶场种植茶叶80 hm²，1973 年开始试生产绿茶。

12. 1971—1978 年，在毛泽东主席"以后山坡上要多多开辟茶园"的指示下，江华新建茶场 22 个，新扩茶园 666.7 hm²。其中：1976 年牛牯岭茶场开始建场，规划 666.7 hm²，实际种植 160 hm²，其中苦茶占 54%；河路口红星茶场扩园 73.3 hm²，其中苦茶占 28%，并改建为红碎茶加工厂，当年生产红碎茶9 000 kg，送广州口岸出口，每担（1 担 =50 kg）均价 283 元，比原制绿毛茶均价提高了 2 倍，比黑毛茶均价提高了 4 倍。

13. 1972 年 5 月 24 日，湖南省农业科学院茶叶研究所研究员王威廉第二次到江华做资源调查，有感作《江华瑶山调查大叶苦茶》诗一首："大叶苦茶尔雅传，何年始种瑶山巅。至今不减皋芦味，一片煎开五岭泉。"

14. 1972 年 5 月，王威廉、刘宝祥、胡万选等到江华原两岔河公社平安大队，进一步调查江华苦茶。

15. 1972 年以来，湖南广大科技人员反复对江华苦茶进行调查研究，成绩卓著，先后撰写出《红碎茶优良品种——江华苦茶调查报告》《江华苦茶试制碎茶情况初报》《江华苦茶进化系统与经济价值》等学术性论文。

16. 1974 年，刘宝祥、胡万选、王融初等继续到江华调查苦茶类型及分布。

17. 1974 年，湖南省茶叶研究所成立苦茶研究组，进一步展开对江华苦茶资源的利用研究。

18.1975 年，刘宝祥、胡松柏到江华采收 210 年前的苦茶单株种子，分株育苗，在湖南省茶叶研究所高桥基地建立江华苦茶资源圃 0.62 hm²。

19.1975 年，湖南省茶叶研究所从建立的江华苦茶资源圃中先后筛选出 420 个类型，建立性状分离田 0.57 hm²。

20.1975 年，刘宝祥、彭继光、胡松柏在江华原两岔河公社对江华苦茶展开红碎茶试制研究，证明制红碎茶，苦茶显著优于甜茶。同年 10 月 1 日，湖南省茶叶试验站专车去江华原河路口公社布里坪茶场采集苦茶鲜叶 118 kg，连夜运回高桥，路途 600 km，原料鲜度虽受到影响，但制成红碎茶后将小样寄送中国土产畜产进出口公司等 6 个单位，获得一致好评，达二套样标准，有关单位给予很高评价。

21.1976—1980 年，河路口公社红星茶场共生产红碎茶 75 t，收购价每吨 6 060 ～ 6 200 元。

22.1976 年，湖南省多种经营办公室牵头，胡万选、彭继光、陆松候等到江华原河路口公社红星茶场进行红碎茶生产试验，当年春茶制成红碎茶 4.6 t，送广州口岸按二套样验收，填补了湖南省二套样红碎茶空白。

23.1978 年，王威廉发表《茶考》一文（《湖南茶叶》，1978 年增刊），对苦茶的历史渊源进行了考证。

24.1978 年，《江华苦茶的进化系统与经济价值的研究》获湖南省科学技术大会奖。

25.1979 年全国茶树品种资源调查会议后，1979—1982 年湖南省经济作物局胡万选、湖南省茶叶研究所张贻礼组织相关机构专家对包括江华野生茶资源在内的 10 个县进行持续 4 年的调查，其中收集江华野生茶优良植株枝梢繁殖无性单株 500 余个，在江华原河路口公社红星茶场建立江华苦茶原始材料资源圃 1.27 hm²（后部分移植到牛牯岭茶场），后筛选出无性单株品种（系）30 余个，将部分移植郴县茶树良种繁殖示范场作种质储备。一致认为江华苦茶属优良品种，予以大力宣传，并支持江华及湘南周边地区发展引种江华苦茶，邵阳、郴州、零陵等地推广江华苦茶种植。

26.1981—1983 年，谭淑宜、朱尚同等利用同工酶技术对江华苦茶等 5 个品种亲缘关系进行研究，对比了江华苦茶、云南大叶种、凤凰水仙、湘波绿、楮叶齐等 5 个品种同工酶谱，认为 5 个品种属于同一起源，只是因地域而异，江华苦茶、饶平水仙相近，有别于云南大叶种，湘波绿、楮叶齐相近，而有别于前者。

27.1981—1983 年，陈国本、唐明德进行"江华苦茶主要化学成分含量的研究"，结果表明：春、夏、秋茶，江华苦茶儿茶素含量均高于对照种（云南大叶种、凤凰水仙、湘波绿和楮叶齐），EGCG 和 ECG 的含量以江华苦茶最高；江华苦茶以黄绿色芽叶的儿茶素含量较高；黄酮类（黄酮甙）及花青素类（花青甙）含量与凤凰水仙接近，明显高于云南大叶种、湘波绿和楮叶齐；江华苦茶氨基酸含量较高，其中 5 种主要氨基酸为天门冬酸、茶氨酸、谷氨酸、精氨酸和丝氨酸。

28.1982 年，湖南省农业委员会在湖南省茶叶研究所成立江华苦茶研究组，开展对江华苦茶发掘利用研究。江华瑶族自治县农业局同年对全县茶树资源进行了全境调查，选育出 209 个不同类型的单株。

29.1982 年，饶应林、邓甲春分析江华苦茶染色体组型，比较了江华苦茶、福鼎大白茶和湘波绿 3 个品种的染色体核型，江华苦茶核型对称性高于福鼎大白茶与湘波绿。根据"不对称核型较之对称核型进化"的观点，认为江华苦茶可能是云南大叶茶和灌木型小叶茶进化的过渡类型。

30.1984 年 11 月，经全国茶树良种审定委员会第二次会议审定命名"江华苦茶"为茶树地方品种。

31.1985—1989 年，陈兴琰、唐明德、陈国本、屈文琦、李娟等进行了"湖南主要茶树群体种质资源研究"。以城步峒茶、汝城白毛茶、江华苦茶和安化云台山种 4 个地方群体为研究对象，得出湖南茶树群体按照地理区分法分为两个地理群，即湘中北地理群（以安化云台山群体为代表）和湘南地理群（以江华苦茶为代表）；湘南地理群茶树与云南大叶群体同属一类，与云南大叶群体的亲缘关系较近；湘中北地理群茶树与云南大叶群体的亲缘关系较远。

32.1986 年，湖南省茶叶研究所建立江华苦茶 92 个新株系品比试验田 0.67 公顷。同期，刘宝祥等进行了江华苦茶进化系统研究、江华苦茶引种驯化研究和江华苦茶叶绿体片层结构分析；彭继光、刘宝祥等进行了江华苦茶品质及其主要化学成分研究；刘宝祥、张贻礼、刘湘鸣、漆玉美进行了江华苦茶育苗技术研究；刘宝祥、褚世林进行了茶树工厂化育苗研究。

33.1986 年，湖南省茶叶研究所编写的《珍贵茶树资源——江华苦茶的研究》一书出版，全书共收集 1986 年以前发表的论文、研究成果共 22 篇，其中基础研究部分 6 篇、调查研究部分 5 篇、生产技术研究 5 篇及推广应用 6 篇。

34.1986 年，湖南省作物品种审定委员会茶树品种审定小组认定江华苦茶等 11 个茶树品种为湖南省级优良地方群体品种。1987 年，上报国家农作物品种审定委员会审定，正式名称为江华苦茶（*Thea assamica* cv. Jianghua）。

35.1986 年起，江华苦茶连续十年被评为湖南省级名茶。

36.1987 年，"珍贵茶树资源——江华苦茶研究"项目通过了省级成果鉴定，获湖南省农业科学院 1987 年科学技术进步奖一等奖。

37.1987 年，江华瑶族自治县被列为湖南省第一批茶叶出口产品生产基地县之一。

38.1988 年，刘宝祥等分别从江华苦茶群体资源中初步选育出 12 个无性系单株，其中 21-1、21-3、37-1、37-2 表现优异，其茶多酚、儿茶素、水浸出物含量分别为 34.64%、218.51 mg/g 和 45.08%，显著高于对照种槠叶齐（26.55%，164.04 mg/g、41.77%），认为江华苦茶群体品质优良，其抗寒性比云南大叶种强，适应范围广，经过提纯驯化，将是我国长江中下游茶区争取国际红茶市场的一个很有前途的品种。

39.1991 年，龙翔研究提出在青叶苦茶中选育绿茶品种，在白叶苦茶中选育红茶品种，其品质选的把握性较大。

40.1992 年 2 月 25 日，刘宝祥给时任湖南省省长陈邦柱写信建议：科技兴湘，大力发展江华苦茶。

41.1994 年，江华苦茶获湖南省农业厅评为"湖南省名茶杯奖"。

42.1994 年，江华瑶族自治县扶贫开发办从牛牯岭茶场引进繁育种苗江华苦茶群体等到大圩东冲和小圩深冲等地种植。

43.1995—1996 年，江华牛牯岭茶场利用世界银行贷款立项红壤开发项目，按等高撩壕沟 80 cm 深埋有机肥高标准种植，新扩园发展苦茶 20 hm^2。

44.2002 年，《湖南"十五"农业发展规划》将江华瑶族自治县列为全省 21 个优质品牌茶开发示范基地县之一。

45.2003 年，董利娟等进行茶树珍稀资源——江华苦茶的研究：江华苦茶地方群体品种茶多酚含量高达 39.21%，制红茶品质优良，在原产地可以达到二套样水平，引种到湖南长沙所制的红碎茶可达三套样水平；抗寒性较强，可安全度过−9℃低温，但适应性介于云南大叶种与槠叶齐之间。建议在江华苦茶原产地湘南茶区发展江华苦茶群体品种，而在长江中下游茶区推广从江华苦茶自然杂种后代中选择出来的既具有江华苦茶品质特色，又适应性较强、产量较高的新品种如 21-3、37-2 等，能够有效地提高中小叶种茶区的红茶品质。

46.2005 年，何满庭、李端生等对江华 7 个乡镇 11 个村进行调查，发现一批野生茶树集中分布区域及古茶树原生境，其中对 9 株野生古茶树进行编号登记，登记内容包括原生境的土壤、气候特点及野生古茶树的主要形态特征。

47.2012 年，李赛君等发表研究论文《优质抗寒红茶新品种——潇湘红 21-3 选育研究报告》：21-3 是 20 世纪 70 年代湖南省茶叶研究所从江华苦茶原产地引进 210 个长势强、性状典型的单株种子植株中筛选出的 8 个优良株系之一，1984—1990 年进行品种比较试验，21-3 适应性强，产量较高，制红茶香气高锐，干茶色泽棕润，汤色红亮，品质优于对照槠叶齐，红碎茶品质达二套样水平；抗寒性强，极端最低温度−9.8℃，基本上无冻害；抗旱、抗虫各项指标明显优于双对照（云南大叶种、槠叶齐）。

48.2012 年，杨春等进行的"江华苦茶资源的氨基酸组分含量及组成分析"研究结果表明：江华苦茶资源整体表现为 18 种氨基酸组分含量差异较大，变化范围较广；茶氨酸、天门冬氨酸、丝氨酸、组氨酸及谷氨酸是含量较高的 5 个氨基酸组分；江华苦茶资源氨基酸组分的含量和组成差异较大，说明江华苦茶群体品种资源变异类型丰富，在特异氨基酸资源育种特别是高茶氨酸资源的筛选上利用前景较好。

49.2013 年，杨春等通过对江华苦茶群体品种的 100 株单株进行生化成分的聚类分析，指出这些生化成分含量特异的资源对于江华苦茶群体品种的开发利用作用显著。

50.2013 年，杨春等进行的"江华苦茶资源基本生化成分的季节变化分析"研究结果表明，江华苦茶资源的基本生化成分季节间差异较大，春季茶叶整体表现为氨基酸类物质含量较高，茶多酚及生物碱含量较低；秋季茶多酚含量较高，其余各组分表现居中；夏季生物碱含量较高，氨基酸类物质含量较低。

51.2013 年，江华瑶族自治县粤华茶业发展合作社向农业部申报"江华苦茶"农产品地理标志登记保护。

52.2013 年，湖南省人民政府出台文件《关于全面推进茶叶产业提质升级的意见》（湘政办发〔2013〕26 号），文件指出江华是全省茶叶产业重点布局 33 个县（市、区）之一。

53.2013 年 9 月，江华瑶族自治县人民政府制定江华苦茶申报中国地理标志证明商标实施工作方案，拨出专款、组织专人正式启动了申报工作。

54.2014 年，湖南省人民政府出台文件《湖南省茶叶产业发展规划》（湘政办发〔2014〕6 号），文件指出江华是全省 37 个重点产茶区之一，既是优质绿茶区又是湘南优质红茶区。

55.2015 年，江华瑶族自治县人民政府出台了文件《关于加快茶叶产业发展的实施意见》（江政办发〔2015〕30 号）。

56.2016 年 3 月 7 日，国家工商行政管理总局商标局第 13858983 号正式批准江华苦茶地理标志证明商标。

57.2016 年，据浙江大学 CARD 中国农业品牌研究中心评估结果显示："江华苦茶"品牌强度 774，品牌价值 1.86 亿元。

58.2016 年 7 月 12 日，江华瑶族自治县人民政府第四十次常务会决定：同意与湖南省茶叶研究所签订《江华瑶族自治县茶叶产业开发技术服务协议书》，合作期 5 年。

59.2016 年 8 月 3 日，江华瑶族自治县委常委会第十九次会议决定：一是同意江华瑶族自治县人民政府与湖南省茶叶研究所签订合作协议；二是成立江华瑶族自治县茶叶办公室并每年解决经费 10 万元；三是同意从湖南茶叶研究所选派一名专家到江华瑶族自治县挂职科技副县长，推进茶叶产业工作。

60.2016 年 10 月 31 日，江华瑶族自治县副县长黄守平代表县政府与湖南省茶叶研究所所长包小村正式签订《江华瑶族自治县茶叶产业开发技术服务协议书》，合作期 5 年。

61.2017 年，经湖南省委组织部批准，湖南省农业科学院陈江涛同志挂职江华瑶族自治县科技副县长。

62.2017 年，江华瑶族自治县获"湖南茶叶十强生态产茶县"。

63.2018 年，江华瑶族自治县获"2018 湖南茶叶千亿产茶县"。

64.2018 年，李赛君等发表研究论文《优质高咖啡碱红茶新品种——潇湘红 21-1 选育研究报告》：21-1 是 20 世纪 70 年代湖南省茶叶研究所从江华苦茶原产地引进 210 个长势强、性状典型的单株种子植株中筛选出的 8 个优良株系之一，1984—1990 年进行品种比较试验，21-1 为中叶类中生种，芽叶黄绿，产量高；内含物丰富，制红、绿茶品质兼优，尤以红茶品质突出，冷后浑现象明显，乳状络合物呈橙黄色；红、绿茶中咖啡碱含量均高达 5% 以上，属于茶树高咖啡碱优异茶树资源；抗寒、抗旱、抗病虫能力均较强。

65.2018 年 5 月 14 日，江华瑶族自治县人民政府第十九次常务会决定：同意成立江华瑶族自治县茶叶产业发展领导小组，分管农业副县长任组长；同意设立茶叶产业引导专项资金，每年保障经费 1 000 万元，2018—2020 年共 3 000 万元；审议《江华瑶族自治县茶叶产业发展实施方案》。

66.2018 年 4 月 23 日，江华瑶族自治县委常委会第十九次会议决定：一是同意成立江华瑶族自治县茶叶产业发展领导小组；二是同意出台《江华瑶族自治县茶叶产业发展实施方案 2018—2020》（江办发〔2018〕50 号）。

67.2018 年，湖南省农业委员会（现湖南省农业农村厅）、湖南省林业厅、湖南省粮食局联合发文（湘农联〔2018〕94 号），认定"江华苦茶"为"一县一特"特色产业、江华为湖南特色茶基地县。

68.2019 年 4 月 26～27 日，江华瑶族自治县举办了首届神州瑶都（中国·江华）茶文化旅游周暨江华苦茶产业发展高峰论坛，来自省内外 100 多名嘉宾、专家参加活动，活动取得圆满成功。

附录二　江华苦茶主题歌

江华苦茶

（男高音独唱）

1=F或G 4/4 3/4 2/4
♩=56 优美地
陈永祥 词
江 晖 曲
滋养着潇湘源头潇湘源头水，长出了云雾云雾润的芽。
守候着五岭逶迤五岭逶迤山，等来了春雨春雨把爱洒。
说苦苦后甜，说香香独特，进过马王堆，到过古长沙。有人
因苦而著名，因香而流芳，上过丝绸路，走过古茶马。有人
叫你大碗茶，三碗四碗仍然是精华仍然是精华。呤啰哪嘞。
叫你梗梗茶，祛湿驱寒清疲又解乏清疲又解乏。呤啰哪嘞。
江华苦茶，根在瑶家，江华苦茶，誉满天下。
江华苦茶，根在瑶家，江华苦茶，誉满天下。
野生的宝贝，湖湘的奇葩，独特的水土孕育了
泡的是安康，喝的是融洽，千年的苦茶传承了
独特的苦茶，独特的苦茶。呤啰哪嘞。
千年的文化，千年的文化。呤啰
哪嘞哪嘞
千年的文化呤啰哪嘞！

茶门一开幸福来

（女声小组唱）

陈永祥 词
江 晖 曲

1=G 4/4 2/4

♩=56 优美地

rit.

| 5 5 1 2 2·3 | 1 2 3 1 6 5 5 - | 5 5 5 3 2 2·3 | 6-#4 2 | 5 5·5 - |

哟啰哪嘞 茶门 开 吥， 哟啰哪 嘞 幸 福 来 吥。

| 5 5 5 6 6·i | 6 5 5 6 5 5 - | i i i 2 i 6 6·i | 2 - i 6 | 2 2·2 - |

突快 ♩=84 欢快地 转1=D（前2=后5）
现代节奏加长鼓

‖: (X X X X X X X) :‖: 5 5 1·2 3 3 2 i | 5 5 i 3 2 5 5 5 5 | 5 5 1·2 3 3 2 i |

哟啰嘞 哟啰 嘞 哟啰嘞 哟啰 嘞

| 3 3 5·6 i i 6 5 | 0 0 0 | 0 3 3 5·6 i i 6 5 |

| 5·5 1 2 2ⅴ 3 3 2 | i - - -) | 5 1 3 3 2 1 | 3·3 5 5 3 i i· | 5 3 3 i 5 6 |

风也悄悄 来，雨也悄悄 来吥，梧 岭 南 屏
云也悄悄 来，雾也悄悄 来吥，潇 水 源 头

| 3 1 1 7 i | 1·1 3 3 i 5 5· | 3 1 3 4 5 4 |

| 5 5 1 5 - | 4·6 6 i 2 6 | 5 3 5·6 1 5 3 | 0 5 3 5 6 i 3 i | 2 - 2 i 2 |

茶门 开。 长 桌摆起来，大碗茶 捧出来， 瑶 家的待 客 哟啰嘞
画卷 开。 茶 歌唱起来，长鼓舞 跳起来， 浓 浓的茶 香 哟啰嘞

| 1 1 2 - | 0 0 4 4 3 | 5 3 5·6 1 1 7 | 0 1 2 3 4 6 5 | 5 - 7 6 7 / 5 4 5 |

第二段加Solo

Solo | 0 0 0 0 0 | 5· 5 6 i - | 3· 2 i - | 5· 5 6 i i 2 3 |

哟 啰 嘞 哟 啰嘞 哟 啰 哟啰嘞

| 3·i 2 3 2 i·0 | 5 5 i·2 3 3 2 i | 5 5 i 3 2 5 5· | 5 5 1·2 3 3 2 i |

最呀最实 在。 哟啰嘞 哟啰 嘞 带上 情和爱吥， 哟啰嘞 哟啰 嘞
飘呀飘天 外。 哟啰嘞 哟啰 嘞 背上 小背篓吥， 哟啰嘞 哟啰 嘞

| i·5 5 5 6 5·0 | 3 3 5·6 i i 6 5 | 3 3 1 7 2 2· | 3 3 5·6 i i 6 5 |

江华苦茶
JIANGHUA KUCHA

Solo 7· 6 5 — |
吟 啰 嘞

5·5 5 1 5 3 3 2 1 | 5·5 1 2 2ᵛ 3 3 2 | 1. 1 — — — : | 2. 1 — — — |
茶门开了幸 福 来，吟啰吟啰嘞吟啰 嘞。 嘞。
来把阿妹心 思 猜，吟啰吟啰嘞吟啰

3·3 3 2 1 1 2 1 | 3·3 4 4 5ᵛ 5 5 6 | 5 — — — : | 5 — — — |

1 2 3 1 6 5 2 | 5 5 6 1 1· | 5 1 6 6 5 4 5 6 | 4 5 6 5 5· | 2 5·6 1 6· |
茶 门一 开你就 来吧，瑶家赶上了好时代 好时 代吧。满山的故事，

5 4 6 5 3 2 4 | 5 5 4 5 5· | 3 3 3 3 2 1 2 2 | 1 2 3 2 2· | 2 5·6 5 4· |

2 5 5 5 6 4 — | 5 5 1 5 5 6 5 6 | 5 5 6 #4 5 — | 5 5 1 2 2 3 2 | 3 5 5 5·3 5 6 |
满山的情 怀，还有满山的喜 悦 等你来采摘， 吟啰哪嘞 哪嘞 等你来 采

2 5 1 1 2 ♭7 — | 1 1 1 3 3 4 3 2 | 2 2 #4 2 2 — | 5 5 5 6 #4 5 | 1 5 3·2 3 2 |
                                                           6 7

1· 1 2 3 3 2 1 | 1 2 3 1 6 5 | 2 — — — | 3·1 2 3 2 1ᵛ 5 5 | 1 0 0 0 ‖
摘，吟啰吟啰 嘞茶门 一 开 幸呀幸福 来吟啰 嘞。

5·5 6 5 5 4 5 | 5 4 5 6·5 | 5·5 6 7 6 7 | 1·5 5 5 6 5ᵛ 2 2 | 1 0 0 0 ‖
                7· 2 1 2   4 4 3
吟啰吟啰嘞

参考文献

《湖南瑶族》编写组，2011. 湖南瑶族 [M]. 北京：民族出版社.

曹进，1992. 长沙马王堆 1 号汉墓的古茶考证及其防龋意义 [J]. 农业考古（2）：200-203.

陈国本，唐明德，1987. 江华苦茶主要化学成分含量的研究 [J]. 茶叶通讯（1）：23-29.

陈永祥，2009. 江华民族民间故事集 [M]. 北京：大众文艺出版社.

陈宗懋，杨亚军，2011. 中国茶经 [M]. 上海：上海文化出版社.

成杨，刘振，杨阳，等，2017. 江华苦茶不同单株间亲缘关系的 cpDNA 序列分析 [J]. 茶叶通讯，44（3）：22-26.

成杨，刘振，赵洋，等，2019. 江华苦茶的亲缘关系与遗传多样性研究 [J]. 茶叶通讯，46（2）：141-148.

董利娟，张曙光，杨阳，等，2003. 茶树珍稀资源——江华苦茶的研究 [J]. 茶叶通讯（3）：3-8.

奉恒高，2007. 瑶族通史（上卷、中卷、下卷）[M]. 北京：民族出版社.

龚景文，陈兴琰，陈国本，等，1989. 湖南主要茶树资源的同工酶研究 [J]. 湖南农学院学报（1）：51-61.

谷显明，2017. 潇水流域瑶族文化变迁 [M]. 北京：光明日报出版社.

何草，1999. 茶道玄幽：中国茶的品饮艺术 [M]. 北京：光明日报出版社.

何满庭，唐建初，李端生，等，2005. 湖南省江华野生茶树 [J]. 茶叶通讯，32（4）：26-32.

何满挺，1985. 江华苦茶的气候适应性与推广利用 [J]. 茶叶通讯（2）：33-34.

黄怀生，粟本文，钟兴刚，等，2019. 湖南地方特色茶树资源加工的工夫红茶香气特征研究 [J]. 广东农业科学，46（1）：101-107.

江华瑶族自治县县志编纂委员会，1994. 江华瑶族自治县志 [M]. 北京：中国城市出版社.

江用文, 童启庆, 2008. 茶艺师培训教材 [M]. 北京: 金盾出版社.

雷雨, 段继华, 黄飞毅, 等, 2019. 茶树新品系 21-1 工夫红茶香气成分分析 [J]. 茶叶通讯, 46（1）: 10-16.

黎娜, 黄怀生, 钟兴刚, 等, 2018. 湖南地方特色茶树资源江华苦茶研究进展 [J]. 茶叶通讯, 45（3）: 3-7.

李本高, 1995. 瑶族《评皇券牒》研究 [M]. 长沙: 岳麓书社.

李丹, 2012. 江华苦茶种质资源的评价 [D]. 长沙: 湖南农业大学.

李丹, 李端生, 杨春, 等, 2012. 江华苦茶种质资源遗传多样性和亲缘关系的 ISSR 分析 [J]. 茶叶科学, 32（2）: 135-141.

李丹, 罗军武, 2011. 江华苦茶种质资源的亲缘关系及在茶树进化中的地位研究进展 [J]. 湖南农业科学（1）: 10-12.

李默, 2015. 瑶族历史探究 [M]. 北京: 社会科学文献出版社.

李如海, 李彤, 2017. 神奇独特的瑶医药 [M]. 长春: 吉林科学技术出版社.

李赛君, 段继华, 黄飞毅, 等, 2018. 茶树新品系苦茶 21-1 主要品质成分分析 [J]. 食品工业科技, 39（12）: 227-230.

李赛君, 段继华, 黄飞毅, 等, 2018. 优质高咖啡碱红茶新品种——潇湘红 21-1 选育研究报告 [J]. 茶叶通讯, 45（2）: 8-13.

廖建夏, 2018. 中国山地民族——瑶族 [J]. 知识就是力量（7）: 23-25.

刘宝祥, 1983. 江华苦茶叶绿体片层结构初步分析 [J]. 茶叶通讯（3）: 15.

刘宝祥, 彭继光, 刘湘鸣, 1981. 江华苦茶资源的发掘利用研究 [J]. 茶业通报（6）: 24-27.

刘湘鸣, 1988. 湖南省茶树种质资源研究利用现状 [J]. 茶叶（1）: 11-14.

刘湘鸣, 2005. 江华苦茶性状研究 [J]. 茶叶通讯, 33（3）: 4-7.

龙翔, 1991. 江华苦茶叶色类型与品质关系的研究 [J]. 茶叶通讯（2）: 13-16.

龙翔, 1992. 江华苦茶新品系品质成分动态分析 [J]. 茶叶通讯（1）: 15-18.

陆羽, 2009. 茶经 [M]. 宋一明, 译注. 上海: 上海古籍出版社.

马王堆汉墓帛书整理小组, 1977. 马王堆汉墓帛书古地图 [M]. 北京: 文物出版社.

彭继光, 刘宝祥, 1988. 江华苦茶品质及其主要化学成分研究 [J]. 茶叶通讯（4）: 31-37.

彭式昆, 2009. 江华民族民间歌谣集 [M]. 北京: 大众文艺出版社.

王威廉，1978. 茶考 [J]. 湖南茶叶（3）：增刊.

王威廉，1979. 楈—槚正义——关于西汉时代之湖南之茶 [J]. 茶叶通讯（3）：
18-20.

杨春，2013. 江华苦茶资源品质化学成分分析及优良单株的筛选 [D]. 长沙：湖
南农业大学.

杨春，李端生，王庆，等，2012. 江华苦茶资源的氨基酸组分含量及组成分析 [J].
氨基酸和生物资源，34（4）：13-16.

杨春，李端生，王庆，等，2013. 江华苦茶资源生化成分的聚类分析研究 [J].
中国农学通报，29（16）：198-203.

杨春，冉立群，王庆，等，2013. 江华苦茶资源基本生化成分的季节变化分析 [J].
西南农业学报，26（4）：1402-1405.

杨春，王庆，李丹，等，2012. 江华苦茶秋季茶叶生化成分分析 [J]. 湖南农业
科学（11）：37-39.

余悦，2002. 中国茶韵 [M]. 北京：中央民族大学出版社.

张贻礼，1984. 湖南省茶树品种资源简介 [J]. 作物品种资源（3）：43.

郑德宏，郑艳琼，2015. 盘王大歌 [M]. 长沙：湖南人民出版社.

中国瑶族文化传承研究中心，2018. 瑶学论丛（第一辑）[M]. 北京：光明日报
出版社.

周世荣，1979 . 关于长沙马王堆汉墓中简文——楈（槚）的考订 [J]. 茶叶通讯
（3）：15-18.

朱先明，2000. 湖南茶叶大观 [M]. 长沙：湖南科学技术出版社.

图书在版编目（CIP）数据

江华苦茶 / 粟本文，李端生主编 . — 北京：中国
农业出版社，2020.6
ISBN 978-7-109-26631-5

Ⅰ . ①江… Ⅱ . ①粟… ②李… Ⅲ . ①茶文化－江华
瑶族自治县 Ⅳ . ① TS971.21

中国版本图书馆 CIP 数据核字（2020）第 034673 号

中国农业出版社出版

地址：北京市朝阳区麦子店街 18 号楼
邮编：100125
责任编辑：陈　璐
责任校对：周丽芳
印刷：中农印务有限公司
版次：2020 年 6 月第 1 版
印次：2020 年 6 月北京第 1 次印刷
发行：新华书店北京发行所
开本：710mm×1000mm　1/16
印张：11.25
字数：220 千字
定价：80.00 元